辽河流域水污染综合治理系列丛书

辽河流域水污染防治
"十二五"规划研究

Study on the 12th Five-Year Plan for Water Pollution
Prevention and Control in Liao River Basin

宋永会　魏民　厉延松　田智勇　钱锋　等 编著

中国环境出版社·北京

图书在版编目（CIP）数据

辽河流域水污染防治"十二五"规划研究/宋永会等
编著. —北京：中国环境出版社，2015.7
（辽河流域水污染综合治理系列丛书）
ISBN 978-7-5111-2454-8

Ⅰ. ①辽⋯ Ⅱ. ①宋⋯ Ⅲ. ①辽河流域—水污染防治—
研究—2011～2015 Ⅳ. ①X522.06

中国版本图书馆 CIP 数据核字（2015）第 149485 号

出 版 人	王新程
策划编辑	葛　莉
责任编辑	葛　莉
助理编辑	郑中海
责任校对	尹　芳
封面设计	彭　杉

出版发行　**中国环境出版社**
　　　　　（100062　北京市东城区广渠门内大街 16 号）
　　　　　网　　址：http://www.cesp.com.cn
　　　　　电子邮箱：bjgl@cesp.com.cn
　　　　　联系电话：010-67112765（编辑管理部）
　　　　　　　　　　010-67113412（教材图书出版中心）
　　　　　发行热线：010-67125803，010-67113405（传真）
印　　刷　北京中科印刷有限公司
经　　销　各地新华书店
版　　次　2015 年 10 月第 1 版
印　　次　2015 年 10 月第 1 次印刷
开　　本　787×1092　1/16
印　　张　8.75
字　　数　168 千字
定　　价　26.00 元

本书编委会

主编：

宋永会　魏　民　厉延松　田智勇　钱　锋

主要参编人员（按姓氏笔画排序）：

万年青　于振学　马明辉　马桂芬　王　龙　王凤仁

王亚东　王希库　王树晓　史生胜　白效明　乔　飞

乔　琦　刘圣金　刘建华　刘绍伟　刘胜利　刘景洋

向连城　孙大光　孙晓明　安宏发　年跃刚　曲宝安

闫海红　张　卫　张　远　张　楠　张俊枝　张道昱

李　强　李继锐　杨　红　汪力恒　肖书虎　周　刚

姚懿函　段　亮　赵　健　徐　敏　袁　鹏　贾晓波

郭志全　郭海军　高存荣　高红杰　曹建国　雪　梅

傅金祥　彭剑峰　曾　萍　温丽丽　韩百智　雷　坤

潘彦昭　攀庆云

序

辽河是我国七大江河之一，承载着东北老工业基地的百年发展。改革开放以来，经济和社会的快速发展造成了辽河流域严重的水污染，其综合污染指数长期位居全国七大流域前列，流域水环境形势十分严峻。辽河流域集中体现了我国重化工业密集型水体结构性、区域性污染的特征，反映了我国北方水资源严重匮乏地区复合型、压缩型水环境污染问题，具有污染类型多、河流高度受控、河流跨省和省内独立水系等典型性和代表性特点。

自国家"九五"计划起，辽河就被列入国家重点治理的"三河三湖"之一，掀开了国家和地方有计划、有步骤地实施辽河污染治理的篇章。"九五"和"十五"期间，辽河流域以集中式饮用水水源地保护、工业污染防治、产业结构调整、清洁生产推行、城市污水处理工程建设等为重点，全面开展了水污染治理。然而由于历史欠账太多，两个"五年"计划实施后，辽河流域水污染情况仍然十分严重，劣 V 类断面比例高达 46.9%，仍属于重度污染。"十一五"期间，党和国家提出了"让江河湖泊休养生息"等战略思想和举措，辽河流域治理力度进一步加大，治理思路和手段不断创新，尤其是位于流域核心区域的辽宁省不但重点实施了"结构减排，工程减排，管理减排"齐头并进的综合治理模式，而且通过辽河保护区的划定和管理局的设立在辽河流域首先结束了我国长期以来"多龙治水"的局面，辽河治理工作取得突破性进展，水环境恶化趋势基本得到遏制，干流水质 COD 指标基本消灭劣 V 类。

"十二五"时期是我国全面建设小康社会的关键时期，党中央、国务院将建设资源节约型、环境友好型社会作为加快经济发展方式转变的重要着力点，使重点流域的水污染防治成为推动"两型社会"建设的重要内容。辽河流域作为东北老工业基地振兴的龙头区域，面临工业化、城镇化、农业现代化加速的良好发展机遇，与此同时也面临着越来越大的环境污染压力和挑战：长期粗放型发展造成的水资源短缺、水环境污染和水生态破坏，以及环保基础设施建设的不到位和管理体制机制的不顺畅等，制约着流域水污染治理工作的进一步深入和水环境质量的持续改善，也影响着全面建设小康社会的推进。因此，伴随着辽河流域水污染防治即将步入升华阶段的关键时期，怎样有针对性地科学编制《辽河流域水污染防治"十二五"规划》成为指导地方在新形势下进一步深化综合治污思路，实现辽河流域"十二五"末期"水环境质量全面改善，水生态逐步恢复"目标的关键。

本书基于"水体污染控制与治理"科技重大专项系列研究成果，深入分析了辽河流域水污染治理和水环境保护的问题，系统总结了"九五""十五""十一五"期间辽河流域的治理经验和教训，研究和科学论证了《辽河流域水污染防治"十二五"规划》的编制思路、目标指标体系以及分区分类治污方案体系。按照"让江河湖泊休养生息"的总体要求，研究提出了抓好辽河流域的"一库、一区、一界、二口、二面、二源头和两个城市群"所涉及的 14 个优先控制单元，以保障饮用水水源地安全、改善水环境质量、恢复优先区域水体水生态为目标，运用综合手段，规划和实施重点工程，解决突出的流域水环境问题。遵循分区分单元控制、突出流域防治重点，水质与水生态并重、全面改善与重点治理结合，水陆兼顾、河海统筹，点面兼顾、防治结合，干支并重、综合整治等原则。研究制定了规划的技术路线，统筹考虑流域水资源、水环境、社会经济的可持续发展，剖析流域水环境问题，预测"十二五"期间的流域水环境压力；流域统筹、分区治理，通过划分控制单元，识别各控制单元的污染问题，提出治污目标，设计综合治理方案；科学确定辽河流域"十二五"规划目标和指标，优化项目空间布局，论证目标的技术经济可行性。

在规划研究过程中，充分吸纳了国家科技重大水专项的研究成果，包括流域水质目标管理的理论、流域问题的科学诊断、分区与控制单元划分的理论、容量总量削减与水质响应理论、重点源治理优选技术、河流生态完整性保护理论等，实现了水专项科技成果向流域管理实践的转化。

辽河流域经过三个"五年"计划的实施，形成了内蒙古、吉林、辽宁联合治污机制，治污措施针对性强，水污染防治效果突出，水污染趋势得到基本遏制，水质逐步向好过渡，水污染防治工作思路逐步从单一的污染防治向水资源、水环境、水生态"三位一体"综合治理与保护转变。经专家论证，辽河流域再经过"十二五"一个"五年"规划的实施和地方更有效的努力，完全有望实现"水环境质量全面改善，水生态逐步恢复"的流域目标。

因此，本书所建立的流域治污规划编制方法与理论体系，为重点流域的综合治理提供了有益经验，对落实"让江河湖泊休养生息"的国家战略具有重要的意义，值得其他流域借鉴；对于实现环境优化与经济发展、推动流域"两型社会"建设和建成小康社会具有重要的战略意义。

中国工程院院士 张杰

2015 年 1 月

前　言

辽河流域水污染防治"十二五"规划，是国家重点流域水污染防治"十二五"规划的组成部分。规划编制始于 2010 年 3 月，历时 2 年有余，2012 年 5 月由环境保护部等 4 部委印发。辽河流域是国家水污染防治的重点流域"三河三湖"之一，作为东北老工业基地的重点流域，自改革开放以来水环境持续恶化，流域劣 V 类水体超过 50%，严重制约着流域经济社会的发展。"十一五"期间，国家和地方加大了对辽河流域的治理力度，尤其是位于流域核心区域的辽宁省提出了"三年消除劣 V 类"水体的治理目标，开展了"结构减排、工程减排和管理减排"，迅速地使辽河干流消除了 COD 劣 V 类水体。"十二五"时期是我国全面建设小康社会的关键时期，辽河流域作为东北老工业基地振兴的龙头区域，面临工业化、城镇化、农业现代化加速的发展机遇；但与此同时，也面临着越来越大的环境压力和挑战，辽河流域经济社会长期快速发展造成的水资源、水环境和水生态问题，以及环保基础设施建设不到位、管理体制机制不畅等问题，严重制约着流域水污染治理和水环境改善，与全面建设小康社会和改善民生的环境保护需求不相适应。

从全国范围看，辽河流域所面临的水污染治理和水环境保护问题不是独有的，除了环境治理的投入力度小之外，科技支撑缺乏力度和体制机制缺乏创新，也是制约的瓶颈。为了解决我国流域水污染治理的瓶颈技术问题，"十一五"期间国家启动并实施了"水体污染控制与治理"科技重大专项，开展技术创新、集成与示范，为流域水污染治理和水质改善提供技术支撑，总结和凝练技术成果，构建国家流域水污染治理技术体系和流域水环境管理技术体系；水专项从"十一五"到"十三五"分 3 个五年计划（规划）实施，"十一五"期间着重于控源减排技术的研发和示范，辽河流域是水专项重要的示范流域之一，是以重化工业污染为特征的北方重污染河流的代表。水专项的实施和"十一五"成果的产出，为辽河流域的治理提供了良好的技术基础，也为辽河流域水污染防治"十二五"规划的编制储备了技术和人才队伍。

流域包含陆地和水系、自然与非自然要素，是具有生态完整性的自然生命共同体。尊重自然界本身的规律，统筹水资源、水环境和水生态，开展流域综合治理和管理，是实现流域良好治理的根本途径。我国涉水部门较多，职责分明的同时，也存在职责交叉、协调不畅的情况，随着经济社会发展对资源环境保护工作要求的提高，特别是随着体制机制改革的深入，强化涉水部门间的合作与协同，日益成为科技界和管理部门的共识。在多方共同努力下，"十二五"的流域水污染防治规划的编制实现了部门间协同作战，环境保护部、国家发展和改革委员会、水利部三部委联合了工业和信息化部、财政部、国土资源部、住房和城乡建设部、交通运输部、农业部等部门，共同组织完成国家重点流域水污染防治规划编制，建立了流域水污染防治多部委分工协作、密切配合的机制。这不仅是流域水污染防治规划工作方式的创新，也为规划实施中多部门协同共管建立了范式。事实表明，2010 年辽宁省创新体制机制，率先建立了辽河保护区，统筹水利、环保、国土、住建、农业、林业、海洋渔业，以及公安部门的职责，实施辽宁省内辽河干流的统一管理，进一步提升和融合了不同责任主体的职责，在区域层面实现了部门的协作与融合，是国家层面部门协作在流域地方的真正落地。因此，"十二五"重点流域水污染防治规划的编制在操作方式上具有非常重要的意义。在规划编制的队伍选择上，规划编制组织部门充分依靠国家科技重大水专项的研究团队，以及国家部委在流域地方的技术机构，充分体现了"顶层设计、依靠科技、依靠专家、科学谋划、科学编制"

的特点。辽河流域水污染防治"十二五"规划的编制队伍，来自中国环境科学研究院、水利部松辽流域水资源保护局、中国市政工程东北设计院，流域各省的相关部门，体现了中央和地方协同、多部门合作的特点。在规划研究编制过程中，编制组充分发挥各自优势，协同作战、默契配合，保证了规划的顺利完成。

在规划编制思路上，按照"让江河湖泊休养生息"的总要求，研究并提出抓好辽河流域的"一库、一区、一界、二口、二面、二源头和两个城市群"所涉及的 14 个优先控制单元，以提高饮用水水源地安全水平、改善水环境质量、恢复优先区域水生态为目标，运用综合手段，规划和实施重点工程，解决突出的流域水环境问题。在规划原则上，遵循了分区分单元控制、突出流域防治重点，水质与水生态并重、全面改善与重点治理结合，水陆兼顾、河海统筹，点面兼顾、防治结合，干支并重、综合整治等原则。研究制定了规划的技术路线，统筹考虑流域水资源、水环境、社会经济的可持续发展，剖析流域水环境问题，预测"十二五"期间的流域水环境压力；流域统筹、分区治理，通过划分控制单元，识别各控制单元的污染问题，提出治污目标，设计综合治理方案；科学确定辽河流域"十二五"规划目标和指标，优化项目空间布局，论证目标的经济技术可行性。在规划编制过程中，充分吸纳了国家科技重大水专项的研究成果，包括流域水质目标管理的理论、流域问题的科学诊断、分区与控制单元划分的理论、容量总量削减与水质响应理论、重点源治理优选技术、河流生态完整性保护理论等，实现了水专项科技成果向流域管理实践的转化。

总结起来，辽河流域水污染防治"十二五"规划及其研究编制具有以下特点：① 在规划研究及组织方面，体现了多部门协作、中央与地方配合、科技与管理相结合、理论与技术互为支撑的特点；② 在流域治理理念与理论方面，体现了流域整体统筹、分区治理，以控制单元水质目标指导污染物的削减，以最佳可行技术支持污染治理工程等特点；③ 在目标指标体系制定方面，针对辽河流域的特点,适时提出了辽河保护区"河河有鱼"等生态修复的目标和指标,对于一个传统的重化工业污染河流而言,是一次创新与有益的尝试,体现了流域水环境保护着眼于水生态系统健康修复的长远目标和理念;④ 在规划任务的落实方面,充分考虑流域不同区域特点和行政管理特点,按省划分控制区,进而细化控制单元,分区明确任务和分工,可以方便流域各省落实规划任务。"十二五"期间,辽宁省在国家流域水污染防治规划指导下,制定了更为详细、目标更高和更快实现的"摘掉重污染流域的帽子"的重大行动计划并付诸实施,治污效果迅速显现,行动计划是对流域水污染防治规划的落实和拓展深化。

本书的顺利出版得益于在流域水污染防治"十二五"规划编制领导小组及其办公室统一领导下,在流域规划指导组和总体组技术指导下,在国家科技重大水专项的技术成果支持下,辽河流域水污染防治规划小组全体同志共同努力,松辽流域水资源保护局、中国市政工程东北设计研究总院积极帮助,吉林、辽宁、内蒙古"两省一区"环境保护及其他部门同志鼎力支持,发挥中央、地方和多部门协同与合作的集体合力,顺利完成了规划的研究和编制,规划成果是集体智慧的结晶,在此谨对为本规划研究给予指导、支持与帮助的所有同仁致以衷心的谢意。由于全书涉及内容广泛,时间紧迫,加之编者水平有限,有些设想尚未完全得到实现,书中有些内容可能尚有偏颇与错误之处,敬请读者批评指正。

本书编委会

2015 年 7 月

目 录

第 1 章　规划研究概述 1

　1.1　研究背景 1

　1.2　规划思路和原则的确定 2

　1.3　规划技术路线 4

　1.4　规划研究组织及任务分工 5

　1.5　规划编制数据资料收集与分析 7

　1.6　研究内容及成果 11

第 2 章　流域水污染防治状况分析 14

　2.1　流域概况 14

　2.2　流域水污染防治规划分区 16

　2.3　流域水污染物排放状况 19

　2.4　流域水环境质量基本状况 20

　2.5　流域水环境问题与形势 26

　2.6　流域水污染防治机遇分析 30

第 3 章　辽河流域水专项研究进展 31

　3.1　水专项在辽河流域的布局 31

　3.2　流域重点区域水污染控制策略 33

　3.3　流域水环境质量与污染源分析 35

　3.4　流域水污染控制现状技术分析 38

　3.5　流域水环境管理与水污染治理主要研究 43

　3.6　水专项关键技术突破及其示范应用 45

第4章 规划编制关键问题研究 50

4.1 关于控制断面解析 50

4.2 关于控制单元划分 51

4.3 关于控制单元的控制对象 53

4.4 关于控制单元的输入响应分析 54

4.5 关于水量平衡和物质平衡的分析 56

4.6 关于面源污染与径流的关系 57

4.7 关于水质评价的"三对号"原则 58

4.8 关于规划编制大纲的基本要求 59

4.9 关于规划实施过程中的科学考核 61

第5章 《规划》目标和指标体系研究 67

5.1 总体目标 67

5.2 流域目标 67

5.3 优先控制单元目标 72

5.4 规划指标体系 73

第6章 优先控制单元治污方案研究 74

6.1 老哈河赤峰控制单元 74

6.2 东辽河辽源控制单元 76

6.3 东辽河四平控制单元 78

6.4 招苏台河及条子河跨省界控制单元 79

6.5 辽河铁岭控制单元 82

6.6 辽河保护区优先控制单元 84

6.7 辽河盘锦控制单元 86

6.8 大伙房水库及其上游抚顺控制单元 88

6.9 浑河抚顺控制单元 90

6.10 浑河沈阳控制单元 92

6.11 太子河本溪控制单元 94

6.12 太子河辽阳控制单元 96

6.13 太子河鞍山控制单元 98

6.14 大辽河营口控制单元 100

第 7 章　重点任务...102

7.1　提高工业污染综合防治水平 102

7.2　全面提高污水处理及再生水利用水平 103

7.3　开展农村源污染防治示范 105

7.4　确保饮用水水源地水质安全 105

7.5　加强环境监管能力建设 106

7.6　重点水域水生态实现初步恢复 107

第 8 章　规划项目...108

8.1　规划项目要求 108

8.2　项目优化要求 110

8.3　项目资金来源分析 111

8.4　投资项目 112

第 9 章　保障措施...115

9.1　加强统一领导，落实目标责任 115

9.2　强化环境执法，依法追究责任 115

9.3　多方筹集资金，完善奖惩机制 116

9.4　提升环境监管能力，严格环保监督 116

9.5　加大科技创新力度，提高流域水污染治理水平 117

9.6　建立信息公开制度，鼓励公众参与 117

9.7　科学组织项目实施，强化项目管理 118

9.8　实施规划考核，明确奖惩措施 118

参考文献...119

第1章　规划研究概述

1.1　研究背景

辽河是我国七大江河之一，辽河流域位于中国东北地区西南部，源于河北省，流经内蒙古自治区、吉林省、辽宁省，注入渤海[1, 2]，流域总面积约为 21.9 万 km²，辐射东北老工业基地全面振兴的龙头区域，但同时也承载着东北地区工业化、城镇化、农业现代化进程不断加快所带来的巨大水环境污染压力[3, 4]。

辽河流域是我国实施"三河三湖"水污染防治战略的重点流域之一[5]，流域内人口密集，重化工型城市群发达，社会经济发展迅速，水污染问题突出，水污染防治工作压力巨大[6]。自"九五"计划以来，国家在辽河流域连续实施了 3 个五年期的重点流域水污染防治规划，历经重点污染源治理、防治结合、综合治理等不同发展阶段，在不同时期对辽河流域的水污染防治均起到了积极的指导和推动作用，尤其是"十一五"期间，辽河流域水污染防治核心区域——辽宁省着力实施了"结构减排、工程减排和管理减排相结合"的综合治理，对辽河流域的水环境质量改善起到了明显的积极作用。截至 2010 年，辽河流域水质恶化的趋势已经基本得到了遏制，重点饮用水水源地污染风险基本可防可控，流域整体水环境质量有所改善，局部水域水生态有所恢复。但是，流域大部分河段主要污染物氨氮超过地表水 V 类水质标准，支流水体污染仍然十分严重。

党中央、国务院对辽河流域的水污染防治历来高度重视，领导同志多次作出重要批示，要求持续加大治理力度，使辽河早日恢复生机。因此，强化顶层设计、注重规划、及早部署，制定和完善相关法规政策措施，推动辽河流域水污染防治不断取得新进展，不仅是流域水污染防治的现实需要，也是支撑东北老工业基地振兴国家战略的重大需求。

辽河流域水污染防治工作按照国家倡导的"水陆兼顾、河海统筹"治理策略的新思路、新要求，结合地方政府创新管理体制机制、先行先试"划定辽河保护区、成立辽河保护区管理局"的流域综合治理与管理特色。"十二五"期间，流域将突破单纯的水污染防治，实现向"水资源、水环境、水生态"三位一体的流域综合、统筹管理转变。

国家自"十一五"开始实施"水体污染控制与治理"科技重大专项（简称水专项），其目的是解决流域水污染治理中的瓶颈技术问题，核心是构建国家流域水污染治理与流域水环境管理两个技术体系。水专项自"十一五"至"十三五"分3个五年计划（规划）实施，3个阶段的技术研发和示范重点分别是"控源减排""减负修复"和"综合调控"；水专项"十一五"阶段设置了湖泊、河流、城市水环境、饮用水、监控预警和战略与政策6个主题，以流域为单元进行统筹，在"三河三湖"等国家水污染防治的重点流域开展技术研发和示范。辽河流域是水专项最重要的示范流域之一，"十一五"期间水专项针对辽河流域设立了"辽河流域水污染综合治理技术集成与工程示范"项目等，经过数年的研究和示范，初步构建了辽河流域水污染治理与水环境管理技术体系。国家科技重大水专项在辽河流域的实施，为流域水污染防治工作科技水平的提升提供了科学支撑。

在"十一五"辽河流域水污染防治取得积极成效的基础上，如何继续控源减排，如何在优先区域深化生态修复的工作，如何运用水专项等科研成果支撑流域水污染治理和管理，如何运用综合手段创新流域水污染防治的体制机制，都是亟待解决的问题。为此，急需开展辽河流域水污染防治"十二五"规划研究。

1.2 规划思路和原则的确定

按照"让江河湖泊休养生息"的总体要求，针对辽河流域的特点，着重抓好辽河流域的"一库、一区、一界、二口、二面、二源头和两个城市群"①所涉及14个优先控制单元的水污染防治工作，以提高饮用水水源地安全、改善水环境质量、恢复优先区域水体水生态为目标，综合运用技术、管理、经济和法律等手段，规划和实施重点工程，解决突出的流域水环境问题，为实现社会经济与水环境保护协调发展提供保障。研究提出以下6项规划原则。

1.2.1 分区分单元控制，突出流域防治重点

以水系径流及汇流的自然状况为基础，针对流域内不同区域的污染排放和水环境问题，参照水功能分区、水生态功能分区技术成果，在全流域划分出具有不同污染防治特点的优先控制单元和一般控制单元，分单元确定规划任务和治污工程，并按单元控制断面进行考核。将辽河流域跨区域大型饮用水水源地水质安全保障与风险防范、污水处理

---

① 一库指大伙房水库；一区指辽河流域保护区；一界指吉-辽跨省界；二口指辽河盘锦河口区和大辽河营口河口区；二面指吉林省公主岭和辽宁省铁岭2个面源污染严重的区域；二源头指东、西辽河源头区；两个城市群指浑河沈阳、抚顺段城市群和太子河本溪、辽阳、鞍山段城市群。

厂再生水利用水平全面提高、重化工业城市集群区工业污染治理、主产粮区农村和农业源污染防治示范、跨省界污染联防联控的完善、优先区域水生态恢复作为规划重点。

1.2.2 水质与水生态并重，全面改善与重点治理结合

从以往主要注重水质改善向水质与水生态并重转变，从单纯水污染防治向水资源综合调配、水环境质量改善和水生态恢复"三位一体"相结合的综合措施转变。在立足全流域水环境质量整体改善的基础上，开展环境生态用水综合调配和水生态恢复试点，突出规划重点区域（辽宁省辽河流域保护区）的水生态恢复；进一步加强污染物总量削减，深化流域工业废水深度处理，完善城镇污水处理厂及其配套设施；以城镇集中式饮用水水源地、重点水域和跨界断面为重点，着力改善水环境质量；加强非点源污染预防和治理示范，突出支流污染综合治理，控制氮磷污染负荷。

1.2.3 水陆兼顾，河海统筹

建立控制单元"污染源"和"水环境质量"输入响应关系，通过"陆域污染削减、河道综合整治、水域质量考核"机制实现水陆兼顾；同时，以河口及所注入海域生态环境保护目标为依据，推动河口控制区的污水处理厂建设和再生水利用，启动重点河口区的点源、非点源综合治理，实现河海统筹，保护近岸海域生态环境。

1.2.4 点面兼顾，防治结合

污染防治点源、面源兼顾，点源以工业污染防治和城镇污水治理为主，面源以畜禽养殖污染防治、饮用水水源和湿地保护为主。加强污染源风险分类分级与综合管理，突出监控预警能力建设，提高重点水域风险防控水平。

1.2.5 干支并重，综合整治

将以往只重视直接排入干流水体污染源治理向干支流治理并重转变，重点突出城市重污染支流河综合整治。同时，做好"源头区、河口区和跨界区"等重点区域的水污染综合防治，源头区和河口区重在保护和预防，跨界区重在治理与统筹。

1.2.6 政府引导，明确责任

要求各级政府加强组织协调，加大政策支持力度、资金投入，加快法律法规和制度建设，综合运用法律、经济和必要的行政手段，有效推进流域水污染防治工程建设和运行；要求落实规划实施的目标责任制、评估考核制和责任追究制。

1.3　规划技术路线

辽河流域水污染防治规划的技术路线是：根据辽河流域社会经济和自然环境特点，统筹考虑流域水资源、水环境、社会经济的可持续发展，评价流域水环境污染现状，分析流域水环境问题，预测"十二五"期间的流域水环境压力。通过划分控制单元，识别各控制单元的污染问题，提出治污目标，设计综合治理方案。分析经济技术可行性，从而科学地确定辽河流域"十二五"规划目标和指标，优化项目空间布局，论证目标的经济技术可行性。规划编制技术路线如图1-1所示。

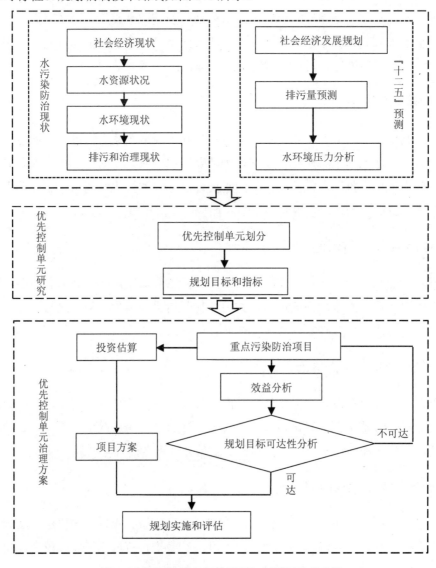

图1-1　辽河流域水污染防治规划编制技术路线

1.4　规划研究组织及任务分工

2010 年 3 月，环境保护部、国家发展和改革委员会、水利部联合发布《关于印发〈重点流域水污染防治"十二五"规划编制工作方案〉的通知》，三部委联合工业和信息化部、财政部、国土资源部、住房和城乡建设部、交通运输部、农业部等部门，组织国家重点流域水污染防治规划，共同完成规划编制，建立了流域水污染防治多部委分工协作、密切配合机制。设立重点流域水污染防治规划领导小组和办公室，组成各重点流域规划编制小组，具体负责组织流域内有关省（区）各部门研究完成流域水污染防治"十二五"规划。规划研究编制由各部门专家团队承担，与国家和流域管理部门紧密合作，建立了科技引领和支撑规划、技术行政紧密结合、国家和流域省区密切合作的机制。具体任务分工简述如下。

1.4.1　流域水污染防治规划编制领导小组

（1）协调流域内蒙古、辽宁、吉林三省（区）重点城市提供"十二五"社会经济发展规划、控制指标和投资规模等有关数据，协调国家水专项、有关科研单位提供辽河流域"十二五"规划可应用成果。

（2）组织内蒙古、辽宁、吉林三省（区）辽河流域水污染防治"十二五"规划文本和辽河流域水污染防治"十二五"规划文本审查，并征求三省（区）地方政府及有关部门意见。

1.4.2　辽河流域水污染防治规划编制小组

（1）指导流域内蒙古、辽宁、吉林三省（区）完成辖区内流域水污染防治"十二五"规划编制工作。

（2）汇总资料，分析问题，组织开展规划研究和编制工作。包括：划分控制单元，建立规划分区体系；进行水质评价，分析水环境问题及成因，提出水环境问题清单，对控制单元进行分类排序；预测"十二五"水环境需求和污染减排压力；提出重点任务需求，融汇各省（区）流域水污染防治"十二五"规划内容，制定骨干工程方案；确定污染物减排量，分析控制断面水质改善效果。

1.4.3　流域内各省（区）编制小组

各省（区）规划编制小组主要负责收集基础资料，分析环境问题与治理任务，编制所辖辽河流域水污染防治"十二五"规划，包括：评估"十一五"期间水污染防治工作取得的进展及存在的问题；校核辖区内控制单元；在控制单元划分的基础上，协调各部门收集辖区内规划编制所需基础材料；提出确定优先控制单元的建议；根据优先控制单元突出水环境问题，分析在现有技术经济条件下解决问题的可行性，确定规划拟解决的重点问题与拟实施的重点任务，制定水污染防治综合治理方案；确定重点领域水污染防治任务；分析规划项目的环境效益；依据输入输出响应关系，分析目标可达性，确定辖区内规划治理目标；完成所辖辽河流域水污染防治"十二五"规划编制。

流域各相关部门分工如下：

（1）环境保护部门。收集流域水质监测空间点位（分国控、省控、市控、县控等），分析评估水质现状及"十一五"期间的水质变化趋势，断面超标的时间、空间分布情况和主要污染指标的超标倍数，排入河流的主要废水及主要污染物排放现状及变化趋势，规划项目的建设情况及资金投入情况等。流域干流、支流等主要水体水环境现状，"九五"以来水污染防治工作进展及存在的问题；主要规划项目的环境效益。流域工业污染治理和环境风险状况，包括重点污染源治理及风险防范状况，排放和产生重金属等有毒有害污染物企业环境风险防范措施；"十二五"环境准入要求。根据辽河流域污染源普查数据及报告（包括农业面源和农村生活源）、2009 年污染源普查数据的更新数据，绘制工业污染源空间分布图。

（2）发展和改革委员会。分析"十二五"城镇发展及产业园区等重大项目建设及产业发展状况和未来规划，预测其对水环境的需求和压力；配合规划编制小组制定流域污染防治骨干工程方案工作。

（3）水利部门。明确流域水功能区达标管理要求，划定水功能区纳污红线，提出入河污染物排放总量意见；配合规划编制小组完成制定流域污染防治骨干工程方案工作；根据规划确定的污染物减排量，结合水功能区纳污红线，分析控制断面水质改善效果。

（4）住房和城乡建设部门。提供流域内城镇用水、排水和污水处理厂、配套管网等设施建设资料。开展人口和城镇发展对设施建设需求预测。整理流域已建成和在建污水处理厂现状，评估"十一五"期间污水处理厂建设、运营情况；分析预测"十二五"期间城镇生活污染面临的形势和压力，提出污水处理的控制指标、污水处理率、管网覆盖率、污水再生利用率、污泥处置率以及污水处理厂运营监管等方面的目标要求；提出污水处理厂的工艺改造、增效方案，包括污水处理厂建设及其配套管网的建议方案和污泥处理处置技术方案等，提出相应的配套管网建设、污水处理厂运营和污泥处理处置的分类政策和对策的建议。配合规划编制小组完成制定流域污染防治骨干工程方案工作。

（5）工业和信息化部门。评估重点工业行业"十一五"污染控制及清洁生产状况，判断各行业对流域水污染的贡献，分析"十二五"工业污染控制需求；预测行业"十二五"发展趋势，分析"十二五"期间工业污染形势及治污压力，从技术进步、污染治理、产业政策调整等角度分析行业污染减排潜力，提出流域重点行业污染控制目标；提出不同行业水污染治理指导性意见，包括行业产业政策建议（淘汰力度）、规模和布局调整方案、清洁生产和循环经济方案、水污染治理技术推荐方案和可实现的污染物削减量方案等，提出重点行业水污染控制对策；提出重点污染源的清单；配合规划编制小组完成制定流域污染防治骨干工程方案工作。

（6）农业部门。分析农村畜禽养殖业与分散式生活污染对流域水质的影响；提出对农村污染源可行的生产技术调整及控制措施；确定农业面源的污染防治目标和污染防治方案；配合规划编制小组完成流域污染防治骨干工程方案制定工作。

（7）财政部门。整理分析辽河流域水污染防治"十一五"期间国家和地方资金投入和使用情况；分析水污染防治在资金筹措、使用中存在的问题；提出"十二五"财政经济政策和资金保障措施；配合规划编制小组完成流域污染防治骨干工程及资金方案的制定工作。

（8）国土资源部门。分析矿产资源开发现状及未来状况，评估其对水质的影响，筛查流域环境风险，评价流域地下水水源地环境状况；提出辽河流域矿山开发风险防范及地下饮用水水源地治理的主要任务、骨干项目和保障措施；配合规划编制小组完成流域污染防治骨干工程方案制订工作。

1.5 规划编制数据资料收集与分析

流域、区域、行业的废水及主要污染排放数据均采用 2010 年环境统计数据。

1.5.1 流域资料收集与分析

1.5.1.1 相关政策法规、项目报告收集与分析

（1）收集流域内各省（区）以及市级等行政管理部门颁布的法律、法规；例如，饮用水水源保护区环境保护、流域水污染防治条例和自然保护区管理办法等地方性政策法规。

（2）收集各级发展和改革委员会有关辽河流域的社会经济发展战略、长期规划、产业政策、生态建设和资源节约综合利用计划等。

（3）向水利部门收集辽河流域综合规划及有关的专业或专项规划，防御洪水方案，

流域控制性的水利项目、跨界重要水利项目资料,水保方案等;向建设部门收集各省区"十一五"期间待建项目的可研报告、环评报告书,"十二五"期间拟新增项目包括选址、规模、处理工艺、投资等,以及各类污水处理厂、垃圾填埋场以及"十一五"已建工程运行评估报告;向工业和信息化部门收集地方工业行业规划和产业政策,资源综合利用、清洁生产促进规划以及相关重点工程项目资料;向农业部门收集辽河流域灌区农业面源污染、渔业养殖污染等的治理办法;向国土资源部门收集有关土地利用、矿产开发、复垦的有关规定。

(4)收集有关水源地保护、工业污染源控制、污水处理厂和垃圾处理场控制、农业灌溉等方面的标准、规范和指南,收集省颁水功能区划的标准及贯彻执行标准的指导意见。

1.5.1.2 数据收集与分析

(1)水质。分 12 个月按单项指标收集全部监测数据(2006—2010 年)。包括主要干流、支流、集中式饮用水水源地等水体的国控、省控、市控监测断面,以及水功能区控制断面的水质。

(2)水量。收集相关省、市环境保护部门排污量、排水量,水利部门用水量,建设部门城镇用水、排水和污水处理厂、垃圾处理场建设资料。重点收集 2006—2010 年相关数据。

(3)排污总量。流域内分省收集废水排放量(工业废水、城镇生活污水及其他)、主要污染物排放量、区域特征污染物排放量,住建系统城市(镇)区域用水量、排水量和污水处理厂废水处理量及主要污染物排放量、重点工业点源执行排放标准监测报告和污染源主要污染物及特征污染物排放浓度、排放水量、排放去向等有关排污数据。重点收集 2006—2010 年相关数据。

以上数据有不同来源如环境统计、污染源普查,不同部门如水利部门、住房和城乡建设部门的数据都应收集,即使不在规定时间段的不可替代数据也应收集。

(4)项目。收集辽河流域内蒙古、吉林、辽宁三省(区)政府"十一五"期间完成"十一五"规划的项目、投资和运行状况的有关资料;"十一五"期间未完成规划但"十二五"规划续建项目的可研报告以及环评报告书或有关方案;"十二五"期间,各省区拟新增项目包括选址、规模、处理工艺、投资等资料以及拟纳入国家专项规划投资渠道的意见。

(5)集中式饮用水水源地。收集流域内现有集中式饮用水水源地类型、水质类别及现有的水质监测项目及其数据,饮用水水源保护区划分情况及保护区内的相关污染源信息等，以及各省区政府对饮用水水源地的保护对策及建议。

（6）基础图件。收集辽河全流域矢量化的县级行政区划图、流域水系图。

1.5.1.3 数据分析要求

（1）利用全部水质断面数据按功能区保护目标和"十一五"规划目标进行分水期单因子评价，分水期、分指标开列水质超标断面清单，并说明超标倍数、超标历时。

（2）根据"十一五"治污规划要求，分析"十一五"治污未解决的水环境问题，并根据"十二五"社会经济发展带来的新的治污压力和新的治污需求，对拟在"十二五"期间解决的水环境问题进行综合分析，并排列优先顺序。

（3）根据各部门和相关省市提供的法律、法规、规划等材料，与有关部门及省市政府共同确定"十二五"治污应重点解决及突破的水环境问题和优先控制单元。

（4）从流域层面对重点水环境问题和优先控制单元需要具体开展的重点污染防治工作、工程任务、政策与技术指导提出具体意见。

（5）提出各控制单元"十二五"COD、氨氮排放总量的净削减量。

（6）提出环境监测、监管、风险应急能力建设方面的具体需求。

（7）提出融投资方案和落实责任、区域限批等方面的建议。

（8）提出探索建立流域排污交易机制的政策建议。

1.5.1.4 地方政府对规划实施的意见收集

（1）收集地方政府执行目标责任制的建议。

（2）收集地方政府对辽河规划评估考核机制的建议。

（3）收集地方政府对上下游生态补偿的意见。

（4）收集地方政府关于中央对辽河流域污水处理厂运行保障费用支持的意见。

（5）收集地方政府对监督规划项目实施的建议。

（6）收集地方政府对中央政府给予其他有效支持的建议。

1.5.2 重点领域资料收集与分析

1.5.2.1 饮用水水源地环境治理

收集区域内现有集中式饮用水水源地服务人口、供水量、水质、保护区划分及保护区内的污染源信息等基本情况，收集各级政府对饮用水水源地的保护对策及建议，以重点城市所辖区域为重点，筛选污染重、风险高、监管设施建设严重不足等问题水源地，查找水源地环境治理突破口,分析水源地基础设施建设、污染源及风险清除等治理方案,有侧重地提出各治理水源地保护区建设调整、环境监测能力建设,以及水源地应急能力建设方案。

1.5.2.2 工业污染源治理与稳定达标

以重化工业基地为重点,筛选冶金、石化、制药、印染等高污染、高排放行业企业,确定需要治理的重点工业源对象。收集重点工业源排放监测报告和污染源主要污染物及特征污染物排放浓度、排放水量、排放去向等有关排污数据,分析排污途径及问题,查找规避措施,提出治理方案。

收集分区县水污染控制重点企业的分布、产生量、排放量、排污量、工业增加值、特征污染物以及污染治理水平和达标率等数据,筛选重点控制企业,查找工业废水治理及排放问题,找到工业达标治理突破口。收集工业园区建设现状及规划材料,确定工业园区清洁生产状况,分析工业园区的产业关联度,设计工业园区清洁生产和循环经济促进方案,制定废水处理回用、高盐水脱盐再用、能源梯级利用等改造方案。

1.5.2.3 污水处理设施建设

收集城镇污水处理设施建设运行情况的数据,重点对管网配套情况、氮磷脱除情况、中水回用情况,以及收费运营情况进行调查分析,分析现有污水处理厂脱氮除磷升级改造重点和排污管网完善、改造重点。

根据区域社会经济分布现状和未来特点及污水处理设施建设和运行情况,分析污水处理厂及管网建设需求,重点以再生水利用来优化厂址选择,综合污泥处理处置选择污水处理工艺,预测城市发展,合理确定污水处理厂设计规模,全面综合制定污水处理设施建设方案。

1.5.2.4 农业节水与农业污染防治

收集分区县多年水资源量、农业用水量、排水量等相关材料,分析区域农业水资源与用排水特点,查找水资源优化突破口;收集辽源、铁岭、大伙房水库上游等地区畜禽养殖现状和整治规划。以控制饮用水水源地汇水范围内的规模化畜禽养殖为重点,选定示范区,制定规模化畜禽养殖场粪便综合利用方案,使粪尿污水实现达标排放。结合社会主义新农村建设和农村环境连片整治工程,开展农村生产、生活污染防治示范工程。

1.5.2.5 监控与预警能力建设

收集大型集中式饮用水水源地风险防范与监控预警能力建设和机制建设情况数据，分析现状与未来的需求差距，提出饮用水水源风险防范与监控预警能力建设方案。收集不同区县的水环境监管机构、人员、监测仪器、监测断面、环境执法能力等现状信息，分析不同区县水环境监管存在的问题及需求，提出水环境监管能力建设、环境执法、水环境监测断面优化布控、水环境监测指标的方案。

1.6 研究内容及成果

本书共分为 9 部分。

1.6.1 辽河流域规划研究概述

阐述辽河流域水污染防治规划的背景，介绍《辽河流域水污染防治"十二五"规划编制大纲》（以下简称《规划》）制定的原则和技术路线，《规划》研究的组织及数据收集、分析，以及研究报告的内容。

1.6.2 明确流域规划范围，分析水污染防治现状与形势

关于流域规划的范围。《规划》涉及内蒙古自治区、吉林省和辽宁省 3 个省（区）的 14 个市（地、州）107 个县（市、旗），流域面积约为 21.96 万 km^2，包括辽河水系、浑太水系和大凌河水系。《规划》实施执行"流域、控制区、控制单元"的三级分区控制管理体系，建立"内蒙古、吉林、辽宁" 3 个控制区，划分 22 个控制单元，其中内蒙古有 4 个、吉林有 4 个、辽宁有 14 个。

水污染现状：① 水环境质量由重度污染转为中度污染，局部水域水生态有所恢复。2010 年，规划区域内 20.6%国控断面水质达到或优于Ⅲ类，44.1%国控断面为Ⅳ～Ⅴ类，35.3%国控断面为劣Ⅴ类，总体水质由重度污染转为中度污染，主要污染指标为氨氮、五日生化需氧量、石油类、总磷、挥发酚、COD 和高锰酸盐指数。辽河干流鱼类多样性较"十一五"有所恢复，2010 年调查显示鱼类数量由 9 种增加至 10 余种。但是，规划区域中大部分支流仍为劣Ⅴ类水质，为重度污染；氨氮已成为导致全流域水质达标率相对较低的主要污染因子。②污染物排放总量较大。规划区域 2010 年废水排放量为 17.63 亿 t，其中工业废水排放量占 25.5%，城镇生活污水排放量占 74.5%；COD 排放量为 92.74 万 t，其中工业 COD 排放量占 14.4%，城镇生活 COD 排放量占 41.2%，农业面源 COD 排放量

占 44.4%；氨氮排放量为 7.54 万 t，其中工业氨氮排放量占 6.2%，城镇生活氨氮排放量占 75.3%，农业面源氨氮排放量占 18.5%。与全国总量相比，2010 年规划区域内废水排放量占全国的 2.86%，COD、氨氮排放量分别占全国的 7.34%和 6.18%。工业污染、生活污染、农业面源污染叠加，对环境产生显著影响。

突出存在的水环境问题主要是：城镇污水处理设施运行水平依然较低，出水水质标准较低，设施运行负荷率不高；工业结构性污染突出，石化、化工、造纸、冶金、制药等重污染企业密集；农村生活源污染影响严重；支流水污染依然严重；河流氨氮污染总体严重；部分水库富营养化问题严重；流域水生态退化严重。

1.6.3 科技创新成果支撑流域规划编制

水生态功能区划，理论支撑控制单元划分；水专项关键技术获得突破，支撑三大减排，引领《规划》治污思路。

1.6.4 流域规划编制关键问题研究思考

包括控制断面如何设定，为什么划分控制单元，控制单元控制什么，规划实施过程的科学考核等。

1.6.5 提出流域水污染防治和水生态恢复总体要求

以水环境质量改善为核心，加大主要污染物总量削减力度，突出重点区域和重点领域，确保到"十二五"末，主要污染物排放总量持续削减，饮用水水源地水质稳定，达到环境功能要求，辽河水系干流全面消灭劣Ⅴ类水质，基本达到Ⅳ类以上水质，重点水域（辽宁省辽河流域保护区）水生态显著恢复，浑太水系干流水质控制在轻度污染水平，支流河水质明显改善，流域水污染治理水平及水环境管理水平显著提高。《规划》明确指出，到 2015 年，31 个规划断面中，26 个断面水质全面消除劣Ⅴ类；1 个达到Ⅱ类，2 个达到Ⅲ类，13 个达到Ⅳ类，10 个达到Ⅴ类，5 个除氨氮外达到Ⅴ类。3 个断面综合评估的水生态得到显著恢复，鱼类提高至 30 种以上，湿地鸟类提高至 30 种以上。流域内各控制区以 2010 年为基准年，总量（工业废水和生活污水）削减目标为：内蒙古控制区 COD 削减 7.3%、氨氮削减 13.1%；吉林控制区 COD 削减 8.9%、氨氮削减 10.8%；辽宁控制区 COD 削减 12.4%、氨氮削减 13.7%。

1.6.6 提出优先控制单元综合治理方案

针对 14 个优先控制单元，识别了主要的环境问题，确定了明确的治污目标，提出了具体的综合治理方案。

1.6.7　提出六个方面重点任务

（1）提高工业污染综合防治水平，加大工业结构调整力度，积极推进清洁生产，大力发展循环经济，严格排放标准，推进企业升级改造，加强工业园区环境管理，严格工业企业环保准入，加强对工业污染源的环境基础管理和监管执法力度。

（2）全面提高污水处理及再生水利用水平，进一步完善城镇污水处理设施与配套工程建设，加强污泥安全处理处置，加强再生水利用设施建设，加强污水处理费征收管理和对污水处理工程建设和运营的监管。

（3）开展农村污染防治示范，加强规模化畜禽养殖类污水治理，加大农村环境综合整治力度，推广生态环保种植技术和测土配方施肥方法。

（4）确保饮用水水源地水质安全，加强饮用水水源地保护，严格划定水源保护区，加强超标饮用水水源地污染综合治理，健全水质监控与风险防范制度，完善饮用水水源污染应急管理，确保群众饮水安全。

（5）加强环境监管能力建设，加强各级环境监测站常规、应急及特征污染物监测硬件建设，推进标准化建设，完善水环境执法监督能力建设。

（6）重点水域水生态实现初步恢复，加强河流湿地及河岸带自然生境恢复工程，推进生态监测能力建设。

1.6.8　确定流域规划工程项目及投资

在《规划》编制过程中，环境保护部会同有关部门综合分析了规划期内辽河流域社会经济发展压力和水环境质量改善需求，经与三省（区）人民政府反复沟通，确定了工业污染治理、饮用水水源地保护、城镇污水处理及配套设施建设、畜禽养殖污染防治、区域水环境综合治理 5 类共 924 个工程项目，投资约为 580 亿元。

1.6.9　提出八个方面综合性政策保障措施

①加强统一领导，落实目标责任；②强化环境执法，依法追究责任；③多方筹集资金，完善奖惩机制；④提升环境监管能力，严格环保监督；⑤加大科技创新力度，提高流域水污染治理水平；⑥建立信息公开制度，鼓励公众参与；⑦科学组织项目实施，强化项目管理；⑧实施规划考核，明确奖惩措施。

第 2 章　流域水污染防治状况分析

2.1　流域概况

2.1.1　自然概况

辽河流域地处中国东北地区西南部,位于东经 116°54′—125°32′,北纬 40°30′—45°17′,是我国七大江河流域之一,发源于河北省承德地区七老图山脉的光头山（海拔 1 490 m）,流经河北、内蒙古、吉林和辽宁 4 个省（区）,主要包含"西辽河—东辽河—辽河"（简称辽河水系）和"浑河—太子河—大辽河"（简称浑太水系）两大独立水系,干流全长为 2 201 km,总流域面积为 21.96 万 km²,属树状水系,东西宽南北窄,东部、西部和西南部三面群山环绕,以构造剥蚀地貌为主,山地占 48.2%,丘陵占 21.5%,平原占 24.3%,沙丘占 6.0%[7, 8]。

辽河流域地处中温带大陆性季风气候区,雨热同季,日照多,冬季严寒漫长,春秋季节短、多风沙,夏季炎热多雨,东湿西干,平原风大。多年平均降水量为 300～1 000 mm,降水时空分布极不均匀,由东向西递减,多集中在 6—9 月,占全年降水量的 70%～85%,易以暴雨形式出现[9, 10]。

水资源总量为 221.9 亿 m³,其中地表水资源量为 137.2 亿 m³,可利用水资源总量为 115.04 亿 m³。浑太水系上游水资源相对较丰富,西辽河水资源严重短缺[11, 12]。

2.1.2　社会经济状况

2009 年辽河全流域有地级市、盟 15 个,总人口数 4 352 万,城镇化率约为 45%,流域内 GDP 14 487 亿元,人均 GDP 为 33 288 元;耕地面积为 9 337.5 万亩,人均耕地面积 2.12 亩;粮食总产量为 2 582.65 万 t,人均粮食产量 585.32 kg。辽河流域是我国重要的钢铁、机械、建材、石油、化工基地,粮食生产基地和畜牧业基地。辽河中游、下游地区是东北乃至全国工业经济最发达的地区之一,三次产业结构比例为 10.33：52.13：37.54

（表 2-1）。

表 2-1　规划区域人口和经济分布表

控　制　区	市级行政区	总人口/万	城镇人口/万	第一产业/亿元	第二产业/亿元	第三产业/亿元
内蒙古控制区	赤峰市	433	109	149	451	313
	通辽市	308	80	150	533	278
	总　计	741	189	299	984	591
吉林控制区	四平市	339	127	181	261	217
	辽源市	124	56	35	189	112
	总　计	463	183	216	450	329
辽宁控制区	沈阳市	717	464	207	2 127	1 934
	朝阳市	343	99	102	260	156
	阜新市	192	86	64	119	106
	铁岭市	306	98	125	311	169
	抚顺市	223	146	47	392	260
	本溪市	156	104	39	410	240
	鞍山市	352	178	83	914	734
	辽阳市	184	80	40	383	185
	营口市	235	110	68	454	285
	盘锦市	130	107	74	413	190
	锦州市	310	124	133	335	259
	葫芦岛市	281	109	62	195	189
	总　计	3 429	1 705	1 044	6 313	4 707
合　计		4 633	2 077	1 559	7 747	5 627

2.1.3　规划范围

辽河流域规划范围包括内蒙古自治区、吉林省、辽宁省，涉及 16 个市（地、州），107 个县（区、县、旗），见表 2-2。

表 2-2　规划范围表

地区名称	区　县　名　称
内蒙古自治区 2 个地市共 19 个区县（旗）	
赤峰市	赤峰市区（红山区、松山区、元宝山区）、宁城县、林西县、阿鲁科尔沁旗、巴林左旗、巴林右旗、克什克腾旗、翁牛特旗、喀喇沁旗、敖汉旗
通辽市	通辽市区（科尔沁区）、开鲁县、库伦旗、奈曼旗、科尔沁左翼中旗、科尔沁左翼后旗、扎鲁特旗（罕山以南）

地 区 名 称	区 县 名 称
吉林省 2 个地市共 9 个区县	
四平市	四平市区(铁西区、铁东区)、公主岭市、双辽市、梨树县、伊通满族自治县(大孤山镇、小孤山镇、靠山镇)
辽源市	辽源市区(龙山、西安区)、东辽县
辽宁省 12 个地市共 79 个区市县	
沈阳市	沈阳市区(和平区、沈河区、大东区、皇姑区、铁西区、苏家屯区、浑南区、沈北新区、于洪区)、新民市、辽中县、康平县、法库县
朝阳市	朝阳市区(双塔、龙城区)、凌源市、北票市、朝阳县、建平县、喀喇沁左翼蒙古自治县
阜新市	阜新市区(海州区、新丘区、太平区、清河门区、细河区)、彰武县、阜新蒙古自治县
铁岭市	铁岭市区(清河区、银州区)、调兵山市、开原市、铁岭县、西丰县、昌图县
抚顺市	抚顺市区(新抚区、东洲区、望花区、顺城区)、抚顺县、新宾满族自治县、清原满族自治县
本溪市	本溪市区(平山区、明山区、溪湖区、南芬区)、本溪满族自治县、桓仁满族自治县
鞍山市	鞍山市区(铁东区、铁西区、立山区、千山区)、海城市、台安县、岫岩满族自治县
辽阳市	辽阳市区(白塔区、文圣区、宏伟区、太子河区、弓长岭区)、灯塔市、辽阳县
营口市	营口市区(站前区、西市区、老边区)、大石桥市、鲅鱼圈区、盖州市
盘锦市	盘锦市区(双台子区、兴隆台区)、大洼县、盘山县
锦州市	锦州市区(古塔区、凌河区、太和区)、凌海市、义县、黑山县、北镇市
葫芦岛市	建昌县

2.2 流域水污染防治规划分区

按照流域自然汇水特征与行政管理实际需求,结合辽河流域水功能区划和重工业城市集群区污染负荷集中的特点,辽河流域水污染防治"十二五"规划实施"流域、控制区、控制单元"的三级分区控制管理体系[13-15](图 2-1),建立"内蒙古、吉林、辽宁"3个控制区,划分 22 个控制单元,其中,内蒙古有 4 个,吉林有 4 个,辽宁有 14 个。具体分区见表 2-3。

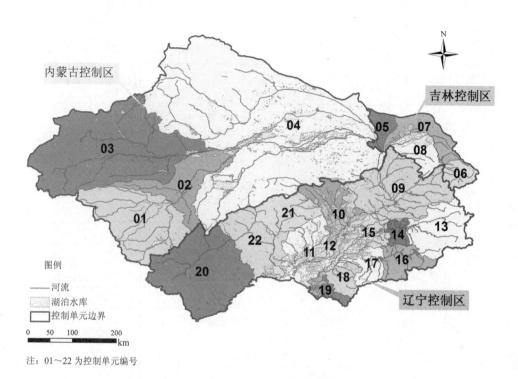

注：01～22 为控制单元编号

图 2-1　"十二五"辽河流域规划分区

表 2-3　规划分区表

控制区	控制单元	单元编号	区县	类别	水体	控制断面
内蒙古控制区	老哈河赤峰控制单元	辽 01	宁城县、松山区、红山区、元宝山区、喀喇沁旗	优先	老哈河	东山湾 大北海、元宝山电厂
	老哈河下游控制单元	辽 02	翁牛特旗（部分）、敖汉旗（部分）、奈曼旗（部分）	一般	老哈河	大兴南
	西拉木伦河赤峰控制单元	辽 03	翁牛特旗（部分）、克什克腾旗、林西县、巴林右旗	一般	西拉木伦河	大兴北
	西辽河通辽控制单元	辽 04	扎鲁特旗罕山以南、科尔沁左翼中旗、奈曼旗（部分）、科尔沁左翼后旗、科尔沁区、开鲁县、库伦旗、阿鲁科尔沁旗、巴林左旗、敖汉旗（部分）	一般	西辽河	白市 二道河子

控制区	控制单元	单元编号	区县	类别	水体	控制断面
吉林控制区	西辽河双辽控制单元	辽05	双辽市区	一般	西辽河	王奔桥
	东辽河辽源控制单元	辽06	辽源市区（龙山区、西安区）、东辽县（白泉镇）	优先	东辽河	河清
	东辽河四平控制单元	辽07	公主岭市、双辽市（部分）、辽河农场、伊通县（大孤山镇、小孤山镇、靠山镇）	优先	东辽河	四双大桥
	招苏台河及条子河跨省界控制单元	辽08	四平市区（铁西区、铁东区）、梨树县	优先	招苏台河	六家子
					条子河	林家后义和、林家
辽宁控制区	辽河铁岭控制单元	辽09	铁岭市区（清河区、银州区）、调兵山市、昌图县、开原市、铁岭县、西丰县、康平县、法库县（拉马河部分）	优先	招苏台河	通江口
					清河	清辽
					汛河	黄河子
					辽河	朱尔山
	辽河沈阳控制单元	辽10	新民市、辽中县（部分）、法库县（秀水河部分）、沈北新区（部分）、彰武县	一般	辽河	红庙子
	辽河盘锦控制单元	辽11	盘锦市区（双台子区、兴隆台区）、盘山县、大洼县（部分）、台安县、黑山县、北镇市	优先	辽河	赵圈河
	辽河保护区控制单元	辽12		优先	辽河	双安桥
					辽河	石佛寺坝下
					辽河	大张桥
	大伙房水库及其上游抚顺控制单元	辽13	清原县、新宾县、抚顺县（部分）、大伙房水库	优先	浑河	大伙房水库出口
	浑河抚顺控制单元	辽14	抚顺市区（新抚区、东洲区、望花区、顺城区）、抚顺县（部分）	优先	浑河	七间房
	浑河沈阳控制单元	辽15	沈阳市区[和平区、沈河区、大东区、皇姑区、铁西区、苏家屯区、东陵区、沈北新区（部分）、于洪区]、辽中县（部分）	优先	细河	于台
					浑河	于家房
	太子河本溪控制单元	辽16	本溪市区（平山区、明山区、溪湖区、南芬区）、本溪满族自治县、桓仁满族自治县	优先	太子河	兴安（本溪）

控制区	控制单元	单元编号	区县	类别	水体	控制断面
辽宁控制区	太子河辽阳控制单元	辽 17	辽阳市区（白塔区、文圣区、宏伟区、太子河区、弓长岭区）、灯塔市、辽阳县（部分）	优先	太子河	下口子
	太子河鞍山控制单元	辽 18	鞍山市区（铁东区、铁西区、立山区、千山区）、海城市、岫岩满族自治县、辽阳县（部分）	优先	太子河	小姐庙
	大辽河营口控制单元	辽 19	营口市区（站前区、西市区、老边区）、大石桥市、大洼县（部分）、鲅鱼圈区、盖州市	优先	大辽河	辽河公园
	大凌河朝阳控制单元	辽 20	朝阳市区（双塔区、龙城区）、喀喇沁左翼蒙古族自治县、凌源市、建平县、朝阳县	一般	大凌河	长宝渡口
	大凌河阜新控制单元	辽 21	阜新市区（海州区、新丘区、太平区、清河门区、细河区）、阜新蒙古族自治县	一般	西细河	高台子
	大凌河锦州控制单元	辽 22	北票市、锦州市区（古塔区、凌河区、太和区）、义县、凌海市、建昌县	一般	大凌河	西八千

2.3　流域水污染物排放状况

2.3.1　水污染物排放总体状况

规划区域 2010 年废水排放量为 17.63 亿 t，其中工业废水排放量占 25.5%，城镇生活污水排放量占 74.5%；COD 排放量为 92.74 万 t，其中工业废水 COD 排放量占 14.4%，城镇生活污水 COD 排放量占 41.2%，农业面源污染 COD 排放量占 44.4%；氨氮排放量为 7.54 万 t，其中工业氨氮排放量占 6.2%，城镇生活氨氮排放量占 75.3%，农业面源氨氮排放量占 18.5%。与全国总量相比，2010 年规划区域内废水排放量占全国的 2.86%，COD、氨氮排放量分别占全国的 7.34% 和 6.18%。

2.3.2 工业行业排污状况

规划区域主要排污行业为石油加工、炼焦及核燃料加工业、化学原料及化学制品制造业、造纸及其制品业、黑色金属冶炼及压延加工业、农副食品加工业、饮料制造业和医药制造业等,废水、COD和氨氮排放量分别占全流域工业总量的57.2%、79.0%和66.5%。

2.3.3 区域排污状况

内蒙古控制区、吉林控制区和辽宁控制区的废水排放量分别占规划区域的 10.1%、6.6%和83.4%,COD 排放量分别占规划区域的 13.4%、7.9%和78.7%,氨氮排放量分别占规划区域的10.8%、8.9%和80.3%。

2.3.4 控制单元排污状况

辽河流域划定的14个优先控制单元废水、COD和氨氮排放量分别占全流域的72.9%、69.2%和68.6%。

2.3.5 饮用水水源地主要面源污染状况

在规划区域内178个饮用水水源地中,饮用水水源保护区一级区内耕地面积约为7.08万亩,农村人口约有 0.71 万;二级区内耕地面积约为 71.49 万亩,农村人口约有 27.42万。饮用水水源地周边耕地的面源污染对部分集中式饮用水水源水质具有一定影响,达不到功能区要求的饮用水水源地的个数有 13 个,占 7.3%。

2.4 流域水环境质量基本状况

根据《地表水环境质量标准》(GB 3838—2002)中除水温、总氮、粪大肠菌群以外的 21 项指标,2010 年,在规划区域34 个国控断面中,达到或优于Ⅲ类水质的断面有 7个,约占 20.6%;Ⅳ～Ⅴ类断面有 15 个,占 44.1%;劣Ⅴ类断面有 12 个,占 35.3%。总体为中度污染,主要污染物指标为氨氮、五日生化需氧量、石油类、总磷、挥发酚、化学需氧量和高锰酸盐指数。其中干流设 31 个国控断面,有 7 个断面水质达到或优于Ⅲ类,占 22.6%,Ⅳ～Ⅴ类断面有 15 个,占 48.4%,劣Ⅴ类断面有 9 个,占 29.0%,为中度污染。支流 3 个国控断面均为劣Ⅴ类水质,仍为重度污染,见表 2-4。

表 2-4 2010 年辽河流域水质现状

控制区	控制单元	类别	水体	断面名称	水质	超标指标（超标倍数）
内蒙古	老哈河赤峰控制单元	优先	老哈河	甸子	II	—
				东八家	III	—
				东山湾大桥	IV	化学需氧量（0.05）
			英金河	山嘴子	III	—
				平双桥	IV	化学需氧量（0.35）、氨氮（0.02）
				小南荒	III	—
	老哈河下游控制单元	优先	老哈河	兴隆坡	III	—
				东山湾大桥	IV	化学需氧量（0.05）
				红山水库	IV	高锰酸盐指数（0.17）
				大兴南	V	生化需氧量（1.2）、化学需氧量（0.47）
	西拉木伦河赤峰控制单元	一般	西拉木伦河	海日苏	IV	高锰酸盐指数（0.11）、生化需氧量（0.04）
				大兴北	—	—
	西辽河通辽控制单元	一般	新开河	大瓦房	V	生化需氧量（0.53）、化学需氧量（0.35）、石油类（0.02）
			西辽河	苏家堡	V	生化需氧量（1.25）、化学需氧量（0.62）
				莫力庙水库	—	—
				孔家	—	—
				角干北	—	—
				白市	—	—
				金宝屯	V	石油类（0.64）、生化需氧量（0.51）、化学需氧量（0.44）
				二道河子	V	生化需氧量（0.54）、化学需氧量（0.2）、石油类（0.1）
吉林	西辽河双辽控制单元	一般	西辽河	西辽河大桥	劣V	氟化物（0.6）、石油类（11.1）、高锰酸盐指数（0.5）
				王奔桥	—	—
	东辽河辽源控制单元	优先	东辽河	辽河源	II	—
				拦河闸	III	—
				气象站	劣V	生化需氧量（5.4）、氨氮（3.7）、化学需氧量（3.1）
				河清	劣V	氨氮（3.4）、生化需氧量（3.3）、化学需氧量（2.1）

控制区	控制单元	类别	水体	断面名称	水质	超标指标（超标倍数）
吉林	东辽河四平控制单元	优先	东辽河	城子上	V	高锰酸盐指数（0.53）、生化需氧量（0.51）、化学需氧量（0.43）
				周家河口	V	生化需氧量（0.69）、氨氮（0.44）、化学需氧量（0.08）
				四双大桥	IV	生化需氧量（0.42）、镉（0.2）、化学需氧量（0.04）
	招苏台河及条子河跨省界控制单元	优先	招苏台河	四台子	V	氨氮（0.98）、硫化物（0.06）、化学需氧量（0.08）
				新立屯	劣V	氨氮（5.22）、生化需氧量（1.87）、化学需氧量（1.04）
				六家子	劣V	氨氮（2.01）、生化需氧量（1.33）、高锰酸盐指数（0.72）
			条子河	汇合口	劣V	镉（0.08）、氨氮（8.38）、总磷（2.15）
				林家	劣V	生化需氧量（0.14）、氨氮（7.67）、化学需氧量（0.66）
辽宁	辽河铁岭控制单元	优先	西辽河	马家铺	IV	石油类（3.6）、高锰酸盐指数（0.1）
			东辽河	东辽河大桥	V	挥发酚（2.9）、石油类（5.4）、氨氮（0.1）
			招苏台河	张家桥	劣V	氨氮（3.4）、生化需氧量（1.6）、石油类（4.5）
			条子河	后义河	劣V	氨氮（22.8）、化学需氧量（1.4）、生化需氧量（0.9）
			辽河	福德店	劣V	氨氮（1.1）、挥发酚（1.1）化学需氧量（0.1）
			八家子河	老山头	劣V	总磷（2.6）、高锰酸盐指数（1.1）、生化需氧量（1.0）
			招苏台河	通江口	劣V	氨氮（9.6）、总磷（2.4）、挥发酚（7.1）
			辽河	三合屯	劣V	氨氮（6.3）、总磷（2.1）、挥发酚（1.4）
			清河	清辽	V	挥发酚（1.0）、氨氮（0.7）、石油类（0.5）
			王河	夏堡	IV	化学需氧量（0.4）、挥发酚（0.2）、石油类（0.2）
			长沟河	宋荒地	劣V	氨氮（2.3）、总磷（2.1）、化学需氧量（0.4）

控制区	控制单元	类别	水体	断面名称	水质	超标指标（超标倍数）
辽宁	辽河铁岭控制单元	优先	柴河	东大桥	IV	石油类（0.4）、总磷（0.2）
			汎河	黄河子	IV	石油类（0.8）、氨氮（0.1）、总磷（0.1）
			拉马河	拉马桥	IV	高锰酸盐指数（0.1）
			辽河	朱尔山	V	氨氮（0.9）、石油类（0.7）、挥发酚（0.5）
	辽河沈阳控制单元	一般	辽河	马虎山	V	氨氮（0.5）、石油类（4.8）、生化需氧量（0.3）
			秀水河	秀水河桥	—	—
			长河	友谊桥	劣V	氨氮（1.7）、石油类（0.9）、生化需氧量（0.2）
			左小河	八间桥	劣V	氨氮（10.5）、挥发酚（2.0）、生化需氧量（1.5）
			养息牧河	旧门桥	劣V	氨氮（2.1）、生化需氧量（1.0）、高锰酸盐指数（0.8）
			柳河	柳河桥	V	高锰酸盐指数（0.9）、生化需氧量（0.9）、石油类（1.7）
			辽河	红庙子	V	氨氮（0.8）、生化需氧量（0.8）、石油类（1.2）
	辽河盘锦控制单元	优先	辽河	盘锦兴安	劣V	氨氮（1.4）、生化需氧量（0.9）、石油类（4.9）
			小柳河	闸北桥	劣V	氨氮（1.3）、高锰酸盐指数（0.7）、生化需氧量（0.7）
			一统河	辽化排污口	劣V	氨氮（5.9）、生化需氧量（2.1）、高锰酸盐指数（1.7）
			螃蟹沟	兴跃桥	劣V	氨氮（4.6）、高锰酸盐指数（2.0）、生化需氧量（1.7）
			辽河	曙光大桥	劣V	氨氮（1.9）、生化需氧量（0.8）、化学需氧量（0.6）
			太平河	新生桥	劣V	生化需氧量（1.6）、氨氮（0.8）、石油类（3.7）
			绕阳河	胜利塘	劣V	氨氮（1.3）、生化需氧量（1.1）、化学需氧量（1.0）
			清水河	清水桥	劣V	氨氮（3.9）、生化需氧量（1.7）、化学需氧量（1.2）
			辽河	赵圈河	劣V	氨氮（0.5）、石油类（3.5）、生化需氧量（0.5）

控制区	控制单元	类别	水体	断面名称	水质	超标指标（超标倍数）
辽宁	辽河保护区控制单元	优先	—	—	—	—
	大伙房水库及其上游抚顺控制单元	优先	浑河	北杂木	III	—
			苏子河	古楼	V	总磷（0.8）
			社河	台沟	III	—
			浑河	大伙房水库出口	II	—
	浑河抚顺控制单元	优先	浑河	阿及堡	II	—
			章党河	章党河口	IV	氨氮（0.3）、化学需氧量（0.2）、生化需氧量（0.1）
			东洲河	东洲河口	IV	石油类（0.6）
			海新河	海新河口	劣V	氨氮（2.7）、化学需氧量（1.7）、生化需氧量（1.2）
			欧家河	欧家河口	IV	石油类（0.4）、化学需氧量（0.3）、生化需氧量（0.3）
			将军河	将军河口	劣V	氨氮（2.3）、生化需氧量（2.2）、化学需氧量（1.2）
			古城河	古城河口	劣V	氨氮（1.4）、化学需氧量（0.5）、生化需氧量（0.4）
			浑河	戈布桥	IV	氨氮（0.3）、化学需氧量（0.1）
			李石河	李石河口	劣V	氨氮（2.5）、生化需氧量（0.9）、化学需氧量（0.5）
			浑河	七间房	劣V	氨氮（1.2）
	浑河沈阳控制单元	优先	浑河	东陵大桥	劣V	氨氮（1.5）、石油类（2.2）、生化需氧量（0.1）
			满堂河	马官桥	V	氨氮（1.0）、石油类（1.2）、高锰酸盐指数（0.1）
			白塔堡河	曹仲屯	劣V	氨氮（7.6）、生化需氧量（2.1）、总磷（2.1）
			浑河	砂山	劣V	氨氮（3.1）、石油类（1.4）、总磷（0.5）
			细河	于台	劣V	氨氮（10.9）、总磷（7.2）、生化需氧量（3.0）
			浑河	七台子	劣V	氨氮（5.2）、总磷（2.9）、生化需氧量（0.7）
			蒲河	蒲河沿	劣V	总磷（2.0）、氨氮（1.2）、生化需氧量（1.3）
			浑河	于家房	劣V	氨氮（4.4）、总磷（1.4）、生化需氧量（0.6）

控制区	控制单元	类别	水体	断面名称	水质	超标指标（超标倍数）
辽宁	太子河本溪控制单元	优先	太子河	老官砬子	II	—
			太子河	兴安（本溪）	V	挥发酚（2.3）、石油类（1.1）、氨氮（0.3）
			本溪-细河	细河-邱家	劣V	氨氮（4.5）、挥发酚（8.1）、生化需氧量（0.9）
	太子河辽阳控制单元	优先	太子河	葭窝坝下	IV	氨氮（0.1）
			汤河	汤河桥	IV	石油类（0.1）
			太子河	下王家	IV	石油类（0.2）
			北沙河	河洪桥	劣V	氨氮（2.5）、生化需氧量（1.0）、石油类（0.9）
			柳壕河	孟柳	劣V	氨氮（3.6）、氟化物（0.6）、生化需氧量（1.0）
			太子河	下口子	IV	石油类（0.3）、总磷（0.1）
	太子河鞍山控制单元	优先	南沙河	高家	劣V	氨氮（10.1）、总磷（2.5）、阴离子表面活性剂（1.7）
			太子河	唐马寨	劣V	氨氮（2.2）、总磷（0.3）、高锰酸盐指数（0.1）
			运粮河	唐马桥	劣V	氨氮（8.1）、总磷（2.3）、生化需氧量（1.7）
			杨柳河	新台子	劣V	氨氮（8.5）、总磷（1.6）、氟化物（0.8）
			五道河	刘家台子	劣V	氨氮（6.3）、总磷（2.4）、化学需氧量（1.3）
			太子河	刘家台	劣V	氨氮（3.5）、总磷（0.7）、高锰酸盐指数（0.1）
			海城河	牛庄	劣V	氨氮（1.6）、阴离子表面活性剂（0.9）、总磷（0.6）
			太子河	小姐庙	劣V	氨氮（3.2）、总磷（0.6）、阴离子表面活性剂（0.2）
	大辽河营口控制单元	优先	大辽河	三岔河	劣V	氨氮（4.1）、生化需氧量（1.0）、石油类（3.9）
			大辽河	黑英台	劣V	氨氮（2.0）、高锰酸盐指数（0.4）、化学需氧量（0.1）
			大辽河	辽河公园	劣V	氨氮（1.8）、高锰酸盐指数（0.3）、化学需氧量（0.1）

控制区	控制单元	类别	水体	断面名称	水质	超标指标（超标倍数）
辽宁	大凌河朝阳控制单元	一般	大凌河	南大桥	III	
			大凌河	常宝渡口	劣V	氨氮（8.6）、生化需氧量（5.4）、总磷（4.7）
			大凌河	章吉营	劣V	氨氮（3.4）、生化需氧量（1.9）、总磷（1.9）
	大凌河阜新控制单元	一般	西细河	高台子	劣V	氨氮（5.4）、生化需氧量（2.4）、氟化物（1.8）
	大凌河锦州控制单元	一般	大凌河	王家沟	II	—
			大凌河	张家堡	V	氨氮（0.9）、总磷（0.3）化学需氧量（0.1）
			大凌河	西八千	V	高锰酸盐指数（0.5）、生化需氧量（0.3）、化学需氧量（0.2）

辽河流域中辽河水系设 17 个国控断面，达到或优于III类水质的断面有 2 个，约占 11.8%，劣V类断面有 6 个，约占 35.3%，为中度污染，主要污染指标为氨氮、五日生化需氧量和石油类。在浑太水系 13 个国控断面中，达到或优于III类水质的断面有 3 个，约占 23.0%，劣V类断面有 5 个，约占 38.5%，为中度污染，主要污染指标为氨氮、总磷和石油类。在大凌河水系 4 个国控断面中，达到或优于III类水质的断面有 2 个，占 50.0%，劣V类断面有 1 个，占 25.0%，为中度污染，主要污染指标为氨氮、总磷、五日生化需氧量和石油类。

2.5 流域水环境问题与形势

2.5.1 流域治污经验总结

（1）"十一五"期间，辽河流域水污染防治重点实施了结构减排、工程减排和管理减排三大减排工程，水污染防治效果显著，局域水环境及水生态有所改善和恢复。

（2）深入把握国家政策，切实实施产业结构调整，加大淘汰落后产能力度。辽河流域"十一五"期间关闭及整顿造纸企业共 417 家，停产及整顿印染企业 137 家，结构减排促进了辽河干流水体水质好转。

（3）加强制度建设，完善地方标准体系，从严开展管理工作。"十一五"期间，辽河流域通过完善地表水功能区划，制定更为严格的地方排放标准，建立跨市界生态补偿制度，实行河（段）长负责制，实施流域限批等多种管理措施，有力支撑了辽河流域水污染防治和水环境质量改善。

（4）切实加大污水处理厂建设力度，削减入河排污量。"十一五"期间，辽河流域中下游新建 99 座污水处理厂，新增污水处理能力 273 万 t/d，利用工程减排进一步保证了入河排污量的切实削减。

（5）加大污染源监管力度，积极开展专项整治行动，综合整治流域污染问题。"十一五"期间，辽河流域通过不定期开展违法排污环保专项整治行动、排查入河排污口、抽查重点企业排污状况、加大污水处理厂运行情况督查力度等措施，强化重点工业污染源监督管理力度，有效遏制辽河流域违法排污。

（6）积极探索流域跨省界管理机制，搭建信息交换数据平台。在环境保护部东北督查中心的协调下，吉林、辽宁两省环保部门于"十一五"期间签订了《辽河流域跨省界断面联合监测协议书》，基本建立了"吉林－辽宁－松辽委"三方跨省境断面水质同步监测与信息交换机制与平台。

2.5.2　水环境问题分析

（1）城镇污水处理设施运行水平依然较低。截至 2010 年年底，规划区域共建成城镇污水处理厂 106 座，形成约 546.62 万 t/d 的污水处理能力，实际处理水量为 413.97 万 t/d，基本达到设计出水水质标准，但距离地方水质标准要求仍有一定距离。污水处理厂运行负荷率为 75.9%，污水处理率为 71.0%。规划区域城镇污水处理及运行仍处于较低水平。

（2）工业结构性污染突出。规划区域受传统东北老工业基地重化工业布局影响，行业结构性污染突出。从工业污染的行业统计分析，石油加工、炼焦及核燃料加工业、化学原料及化学制品制造业、造纸及其制品业、黑色金属冶炼及压延加工业、农副食品加工业、饮料制造业和医药制造业 8 个主要行业污染排放比重较大，废水排放量、COD 和氨氮排污负荷分别占工业总量的 57.2%、79.0% 和 66.5%。

（3）农村生活污染源对水环境影响严重。规划区域乡镇及农村人口约为 0.24 亿，建制镇每年产生生活污水近 1.7 亿 t，产生 COD 近 11.9 万 t，产生氨氮 0.51 万 t。然而截至 2010 年年底，乡镇级污水处理设施处理能力仅为 9.4 万 t/d，处理率仅为 6.3%。未经处理的污水和其他污染物，部分渗入地下，部分直接或随降雨进入地表水体。

（4）支流河水污染依然严重。在进行监测的 41 条支流中，3 条支流 COD 在 60 mg/L 以上，氨氮在 3.0 mg/L 以上；11 条支流 COD 在 40 mg/L 以上，氨氮在 2.0 mg/L 以上；27 条支流 COD 为 30～40 mg/L，氨氮为 1.5～2.0 mg/L。

（5）河流氨氮污染总体严重。除西辽河水资源区外，全流域其他 34 个国控监测断面水质数据表明，氨氮已成为导致流域水质达标率相对较低的主要污染因子。

（6）部分水库富营养化问题严重。流域内部分水库总氮、总磷严重超标，个别水库富营养化问题严重。在调查的 40 座城市饮用水水源水库中，属于中营养状态的有 15 座，轻度富营养状态的有 10 座，富营养状态的水库占评价水库的 37.45%，占水库水源总数的 25%。

（7）流域水生态退化严重。辽河干流藻类、底栖动物、鱼类多样性调查资料表明，其水生生物多样性下降，鱼类数量从 20 世纪 80 年代的 90 多种减少为现今的 10 余种，水生态系统结构退化严重，生态功能衰退明显。

2.5.3 "十一五"规划评估

（1）总量减排目标完成情况良好。经国家认定，截至 2010 年，辽河流域内蒙古控制区 COD 排放量为 3.09 万 t，比 2005 年下降 9.1%，提前完成"十一五"减排任务；吉林控制区 COD 排放量为 3.8 万 t，比 2005 年下降 20.17%，提前完成"十一五"减排任务；辽宁控制区 COD 排放量为 53.26 万 t，比 2005 年下降 15.95%，超额完成"十一五"减排任务。

（2）项目实施总体顺利，总体考核情况较好。《辽河流域水污染防治规划（2006—2010年）》中共安排项目为 201 个，计划投资 154.14 亿元。截至 2010 年年底，累计已完成计划项目为 156 个，占项目总数的 77.6%；在建项目为 36 个，占 17.9%；已开展前期工作的项目为 6 个，占 3.0%；未启动项目为 3 个，占 1.5%。累计完成治理投资 102 亿元，占计划投资的 66.2%。

2.5.4 水环境形势分析

（1）辽河流域内蒙古控制区资源型缺水严重，河道断流时段长。规划区域内蒙古控制区多年平均径流深为 21.9 mm，远低于辽河流域 62.1 mm 的平均水平，地表水资源量为 29.6 亿 m³，人均地表水资源占有量仅为 383 m³。西辽河干流下游常年断流，河道功能丧失，河流水生态退化极为严重。内蒙古控制区城镇化率为 24.5%，"十二五"期间，随着区域经济和城镇化的进一步发展，规划区域内蒙古控制区（西辽河流域）水环境及水生态面临更加严峻的考验。

（2）辽河流域吉林控制区地表水资源量小，污染负荷重，河道径污比高，水质改善难度大。规划区域吉林控制区地表水资源总量缺乏，多年平均径流深为 79.6 mm，地表水资源量仅为 8.3 亿 m³，且河道长度短，控制区内水资源利用程度高，大部分河道季节性干涸、断流和水环境容量下降，加剧了河道内水生态环境的退化。吉林控制区是辽河流域重要的商品粮基地和食品加工基地，随着区域经济和城镇化的快速发展、新农村建设步伐的加快和规模化畜禽养殖的蓬勃发展，加之水土流失问题突出，吉林控制区城市生活、种植业、农村生活源污染日益严重，河道径污比高，水质改善难度极大。

（3）辽河流域辽宁控制区是重工业城市集中区域，经济和社会发展速度快，地表水资源开发利用程度高，污染负荷大，河流水生态破坏严重。辽宁控制区也是东北老工业基地全面振兴的龙头，城市群集中，重化工业发达。"十二五"期间，随着国家新型工业化综合配套改革试验区——沈阳经济区发展战略的实施，着力构建"一核、五带"，形成合理布局、特色鲜明、资源要素优势充分发挥的区域分工体系。2015 年，地区生产总值年均增长 13%以上，城镇化率达到 75%，辽河干流水系和浑太水系将面临更大的水污染压力。

（4）辽河流域内跨区域集中供水规模大，饮用水水源污染风险程度高。"十二五"期间，辽河流域以大伙房水库为代表的一批水库将实现跨区域联合调配供水，届时将承担整个辽中地区 2 000 多万人的饮用水供水任务，污染风险监控与预警程度要求高，安全供水保障压力巨大。另外，辽河流域横跨东北老工业基地，20 世纪 80 年代形成的大部分重化工业企业生产设备进入老化期和事故高发期，突发性污染风险高，增加了大型集中饮用水水源地安全供水的压力。

（5）辽河干流水生态破坏严重，与辽河保护区恢复目标差距悬殊，水生态恢复难度较大。辽河干流水系的水生态经受长期的污染和破坏后十分脆弱，鱼类数量从 20 世纪 80 年代的 90 多种减少为现今的 10 余种，生态退化成因极为复杂。虽然"十一五"末水环境质量有所改善，但是情况仍不稳定，且水生态与水环境质量并不完全相关，因此辽河干流水生态恢复难度较大。

（6）河流流域管理与区域管理不能从根本上得到统筹，缺乏污染赔偿和补偿的机制与法律依据，流域跨省界污染防治与管理难度大。辽河流域跨省界污染严重，上下游矛盾长期存在，由于缺乏污染赔偿和补偿的机制与法律依据，无法从流域层面统筹和协调区域间的发展，跨省界污染防治与管理难度大。

（7）环渤海沿海海域水功能的恢复，对全流域水质水量联合调控提出了巨大挑战。辽河流域水系自盘锦和营口注入渤海湾，根据渤海湾海域水功能的恢复需求，"十二五"期间辽河流域入海水质和水量需陆海统筹，从而对全流域水量、水质、水生态联合调控提出了巨大挑战。

（8）点源、面源、河道内源及堤岸两侧无组织垃圾倾倒的共同作用，增加了治理难度。流域的水环境问题由多种源共同造成，点源尚未得到全面有效控制，面源治理还需要进一步加强，河道内源增加了污染防治的难度。另外，辽河流域属季节性河流，丰水期、平水期、枯水期明显，且支流众多，支流河道堤岸两侧无组织倾倒的垃圾在丰水期和洪水期被冲入河道，严重增加了水环境的污染负荷。统筹谋划各种污染源综合防治，对相关支流水体进行综合整治需要科技支持和政策保障。

（9）公众环保意识的提高对流域水污染防治工作提出了更高的要求。随着人民生活水平的提高，广大群众对流域水污染防治将更加关注，迫切要求保护与改善水环境质量。人民群众日益增长的环境需求与环境改善的长期性、复杂性的矛盾日益突出。

2.6　流域水污染防治机遇分析

尽管仍然存在诸多问题，辽河流域水污染治理面临着良好机遇。主要表现在：辽河流域经济社会的快速发展和投融资渠道的不断拓展，为城市环境基础设施的建设普及提供了物质基础。流域规划年度考核和主要污染物总量减排年度核查机制的建立，有效提升了治污目标在地方政府综合决策中的权重。环境监测、监察能力的不断加强有力促进了企业废水达标治理水平的提高。"水体污染控制与治理"国家科技重大水专项将辽河流域列为重点示范流域，为流域水污染治理和水环境管理提供了科技支撑保障。公众对水环境的日益关注逐渐成为监督企业排污行为的重要力量。辽河保护区的建立为流域水生态的恢复提供了良好契机。

第3章 辽河流域水专项研究进展

3.1 水专项在辽河流域的布局

国家"九五"时期开始将三河（淮河、海河、辽河）、三湖（太湖、巢湖、滇池）确定为水污染防治重点流域[16]，加大了治理力度，虽然流域经济社会发展的环境压力不断增大，三河三湖的治理却面临着更加严峻的形势和挑战[17]。为了解决国家水体污染控制与治理中的技术"瓶颈"问题，按照《国家中长期科学和技术发展规划纲要（2006—2020年）》，"十一五"期间国家启动实施了"水体污染控制与治理"科技重大专项（简称水专项），旨在提高我国水环境综合治理的科技支撑能力和管理能力。水专项是重大科技工程，通过科技创新、技术集成和工程示范，构建国家水污染治理和水环境管理两个技术体系，通过示范引领，带动流域水污染治理水平的提升。水专项研究周期为2006—2020年，分三阶段实施：第一个阶段为2008—2010年，着重控源减排技术研发和示范；第二个阶段为2011—2015年，着重减负修复技术研发和示范；第三个阶段为2016—2020年，在前两个阶段的基础上，着重流域综合调控研究和示范。水专项总体方案在"十一五"时期设计实施了湖泊、河流、饮用水、城市水环境、监控预警、战略与政策6个主题，启动32个项目、230多个课题。

水专项针对辽河流域重化工业污染和生态破坏都很严重的问题，围绕国家振兴东北老工业区等发展战略实施对水环境保护的要求，将辽河流域确定为最重要的示范流域之一。按照水污染治理和水环境管理两个技术体系构建的总体思路，以控源减排、水生态功能区划等技术研究为重点，部署了河流污染治理、监控预警等项目，通过技术创新集成、工程示范，推动流域水污染治理和水生态修复，促进调结构、转方式，以及流域水污染治理和水环境管理机制体制的转变。

河流主题设立了"辽河流域水污染综合治理技术集成与工程示范项目"（辽河水污染治理项目），针对辽河流域水污染特征，制定流域水污染综合整治总体方案；以浑河、太子河、辽河上游、东辽河源头区、辽河河口区等主要区域单元为控制对象（图3-1），以冶金、石化、化工、制药、印染、造纸、酿造等重污染源的控制为重点，开展水污染控制与水循环利用技术研发与示范，加强源头控制、清洁生产、过程控制和末端治理；开展区域单元工业源、城镇生活源、农业面源污染控制技术研究与示范，突破污染负荷削减关键技术，构建水污染治理技术体系。在监控预警主题的 4 个项目下共 10 个课题在辽河流域开展或覆盖辽河；在"流域水生态功能分区与水质目标管理技术研究与示范"项目下有 5 个课题，包括 4 个共性技术课题和 1 个示范课题；在"国家水环境监测技术体系研究与示范"项目下有 2 个课题；在"流域水环境风险评估与预警技术研究与示范"项目下有 1 个课题；在"流域水污染控制与治理技术评估体系研究与示范"项目下有 2 个课题。围绕流域水生态功能分区、基于污染控制单元的水污染物容量总量控制、流域水环境基准标准、最佳可行技术筛选等开展研究和示范，构建流域环境管理技术体系。

图 3-1 辽河流域水污染控制主要区域示意图

水专项计划在辽河流域紧密结合水污染治理重大工程的实施，逐步实现水污染控制、水环境改善及水生态修复。整体工作分三个阶段，其中："十一五"期间主要针对重化工业点源污染控制，着重突破控源减排关键技术，解决重化工行业水污染瓶颈问题，为"十二五"及"十三五"水质持续改善奠定基础；开展流域水生态功能一级、二级、三级分区和流域水质目标管理技术体系的初步构建。"十二五"期间将开展减负修复技术研发和示范，持续削减水污染负荷，创新集成形成整装成套的污染源全过程控制技术，改善综合示范区水质；开展河流水环境和水生态修复技术研发和示范，提升河流完整性修复水平；开展流域水生态功能四级分区，在流域典型示范区开展水质水量联合调度管理、排污许可证制度等的综合示范。"十三五"期间将侧重于辽河流域水环境质量的综合调控，完善流域水污染治理和水环境管理两个技术体系，通过集成示范，提升流域河流完整性和水生态系统健康水平，为建设人水和谐的流域水环境提供全面技术支撑。

3.2 流域重点区域水污染控制策略

3.2.1 流域污染特征分析

水专项实施之初对辽河流域的污染状况进行了全面剖析。从全流域来看，辽河流域在"十一五"之初全流域劣 V 类水质河段超过 50%，东辽河、辽河干流、浑河抚顺市大伙房水库以下、太子河本溪市以下、大辽河等水质均较差。因此，辽河流域污染呈现出流域性的特点。

西辽河近些年处于断流状态；80%的污染负荷集中在流域面积不足30%的辽宁省，辽河铁岭段、盘锦段，浑河抚顺—沈阳段（沈抚段），太子河本溪—辽阳—鞍山段（本辽鞍段），大辽河营口段均是污染严重的区域；辽河流域在吉林省内流域面积占全流域 8%，然而由于东辽河流域的辽源市、四平市经济发展水平较低，环保基础设施和能力难以适应水环境保护的需求，吉林省四平段污染较严重。总之，辽河流域经济社会发展的重点区域也是污染严重的区域，呈现出明显的区域性特点。

辽河流域是我国传统的重工业和化工业基地，冶金、石化、化工、造纸、印染、制药等行业污染严重，这些行业的 COD 和氨氮污染负荷排放量约占工业污染负荷的 70%以上，流域污染的结构性特征明显。

总之，辽河流域长期的工农业发展所造成的流域性、区域性、结构性污染，加上振兴东北老工业基地发展的压力，使得水污染治理和水环境保护压力巨大，如何制订适合流域特点、加快流域水污染治理和水质改善、促进调结构和转方式的治理策略，是水专项实施中需要首先解决的问题。

3.2.2 流域水污染控制策略与重点区域任务

水专项辽河项目统筹近远期规划，制订总体和分阶段目标，科学制定治理策略，包括：建立技术研发目标，以流域水污染控制、水质改善和生态恢复为目标，以构建流域水环境管理技术系统、水污染控制与治理技术体系为重点，开展技术创新与集成；突出重污染行业，以流域冶金、石化、造纸、制药、印染等典型重化工业为重点，开展清洁生产和工业水污染全过程控制，突破废水污染负荷削减、废水减量化和资源化利用关键技术；以流域重点区域为污染控制单元，包括浑河沈抚中游段、太子河辽阳段、辽河上游铁岭段、河口盘锦段为污染治理的核心区域，重点解决工业点源污染技术问题；以辽河源头跨界河段、浑河大伙房水库上游，以及辽河口为重点区域，进行源头污染控制、生态保护和湿地修复技术研究；开展针对全流域的河流污染治理总体方案、重化工业节水减排清洁生产，以及水质水量联合调度治污的技术研究。开展技术集成与工程示范，构建重点区域水污染控制与治理技术系统；综合集成、支撑技术体系实现治污目标，在以上研究基础上，在流域层面上进行技术系统集成，开展水污染治理与管理综合示范，支持流域水环境质量改善。

　　水专项统筹流域和区域需求，按照问题导向、目标导向的原则进行任务设计，辽河流域水污染治理项目下设 10 个课题（图 3-2）。在流域层面，研究辽河流域水污染控制总体方案、针对行业源头和全过程节水减污的流域重化工业的节水减排清洁生产技术，以及辽河流域水质水量优化调配技术。

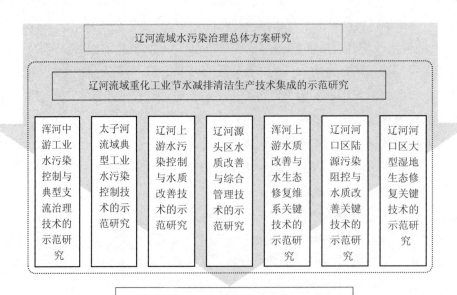

图 3-2　辽河水污染治理项目框架与课题设计

在区域层面，针对上游、干流、河口区不同的特点，采取不同的治理策略。在东辽河源头区和大伙房水库及其上游，统筹治污与水生态修复，涵养水源，增加流域清水产流能力。在干流，针对辽河上游铁岭区域农业及其相关产业发达、污染严重的问题，着重开展畜禽养殖、农产品加工和河流修复技术的研发和示范；在浑河中游，针对沈抚段城市群石化、制药等行业污染、城市支流河污染的严重问题，开展治理技术的研究与示范；在太子河本辽鞍段，针对冶金、石化、印染等行业污染严重的问题，着重开展行业治理技术的研发和示范。在河口区盘锦段，针对区域污染与流域上游来水污染叠加，采油、炼化和农业面源污染严重，芦苇等湿地系统退化的问题，开展污染源治理与湿地修复技术的研究与示范，为辽河入海建立污染阻控的屏障。

3.3 流域水环境质量与污染源分析

3.3.1 流域水环境质量演变

2010 年，以化学需氧量为评价指标，辽河流域 26 个干流断面 COD 年均质量浓度为 18 mg/L，比 2005 年下降 52.6%，呈逐年下降趋势。辽河、浑河、太子河 COD 年均质量浓度为 12～24 mg/L，为 2001 年以来历史最低值。各断面 COD 年均质量浓度符合 Ⅰ～Ⅲ 类水质标准的占 53.8%，符合Ⅳ类的占 38.5%，符合Ⅴ类的占 7.7%，与 2009 年相比，Ⅰ～Ⅲ类水质断面比例上升了 7.7%。34.6%的断面 COD 浓度同比有所下降，降幅为 16.8%～36.9%；50.0%的断面变化明显。太子河的唐马寨、兴安、小姐庙 3 个断面的 COD 浓度下降最为显著，降幅达到 30.7%以上。

以 20 项水质指标评价 26 个干流断面，15 个为劣Ⅴ类水质，占 57.5%；15 个断面氨氮年均质量浓度超标，与 2009 年相比减少了 3 个；氨氮污染主要集中在辽河铁岭和盘锦段、浑河沈阳段、太子河鞍山段以及大辽河全河段，其中辽河铁岭段三合屯断面氨氮污染最为严重，超标 2.6 倍。

辽河流域干流断面总体氨氮浓度达标率较低，年均值呈波动变化，2005—2010 年各年度干流氨氮达Ⅴ类标准的断面比例分别为 15.4%、38.5%、15.4%、34.6%、30.8%和 42.3%。

辽河流域 4 条入辽的河流中，招苏台河和条子河为劣Ⅴ类水质，西辽河为Ⅳ类水质，东辽河为Ⅴ类水质。与 2009 年相比，招苏台河氨氮浓度下降了 28.5%。

辽宁省监测的 42 条支流中，超Ⅴ类水质标准的占 61.9%，氨氮和 COD 超标比例分别为 59.5%和 23.8%，2010 年 12 月全部支流 COD 符合Ⅴ类水质标准，属历史首次。与 2009 年相比，48.8%的断面 COD 年均浓度明显下降，降幅达 14.4%～66.5%，以海城河、养息牧河、本溪市细河、八家子河改善最为明显。

辽河，1996—2008 年 COD 始终超过 V 类水质标准，2009 年 COD 首次符合 V 类水质标准。然而 1998 年以来氨氮均超 V 类标准，且污染呈加重趋势。

浑河，1996—2001 年 COD 浓度逐年上升，污染加重；2001—2010 年 COD 浓度逐年下降，水质明显改善，其中，COD 在 2001 年之后各年度均达到了 V 类标准。1996 年以来各年度氨氮均超标，成为浑河水质的主要污染指标。与 2009 年相比，2010 年浑河 COD 和氨氮浓度分别下降了 6.6% 和 22.8%。

太子河，1996—2010 年干流 COD 浓度变化不明显，各年度均值都能达到 IV 类水质标准。氨氮浓度呈上升趋势，2000 年以后年均值均超过 V 类水质标准。与 2009 年相比，2010 年浑河 COD 和氨氮浓度分别下降了 27.1% 和 15.2%。

大辽河，1996—2000 年高锰酸盐指数均超 V 类水质标准，自 2001 年以来符合 V 类水质标准。但各年度氨氮浓度均超 V 类水质标准。2003 年水质污染最严重，主要是 2003 年三岔河断面枯水期氨氮浓度异常升高所致，浓度达到了 23.8 mg/L，据调查是该断面上游造纸、印染等小企业污水瞬间集中排放所引起的。2009 年大辽河全河段水质较 2008 年略有改善。

3.3.2 流域重金属等污染及来源分析

基于流域水质历史数据分析，进行了为期两年的丰水期、平水期和枯水期的水质监测，开展了流域重金属等污染物的来源分析，从理论研究角度追溯流域污染主要来源，提出流域水污染发展变化趋势。采取因子分析法和多元线性回归分析法，对辽河流域辽河、大辽河、浑河、太子河四大河流干流开展了重金属等污染物来源分析。

3.3.2.1 辽河和大辽河

对辽河和大辽河重点开展了重金属源分析研究，结果表明：辽河铁岭段的福德店、通江口、三合屯和清辽断面的 Hg 含量明显高于其他断面。辽河上游是辽宁省的主要农业基地，农药是水体中 Hg 的重要来源；同时该区域存在多家橡胶、糠醛、水泥和电镀等化工企业，阀门、医疗器械、机械设备等机械企业，以及选矿和型钢等冶金企业。以上企业排放的废水中含有大量的汞是造成辽河上游汞含量较高的主要原因。

辽河和大辽河水体中 Pb 含量较高的断面为辽河公园和黑英台，在这两个断面附近上游有纺织、印染和化工企业，另外大辽河汇集了浑河和太子河，太子河接纳的工业废水，也是导致这两个断面 Pb 含量高的另一原因。

铁岭段的通江口和三合屯断面中的 Cu 和 Zn 浓度最高，电镀、冶炼、机器制造和造纸等企业排放的废水是其主要来源。

大辽河水体中 As 的浓度值相对较高，以黑英台和辽河公园两个断面尤为明显。在营口有多家纺织和造纸企业，以及一些化工企业，这些企业排放的工业废水致使黑英台和辽河公园两个断面水体中的 As 浓度高于其他断面。

大辽河的辽河公园断面水体中的 Cd 的浓度最高，金属处理厂、矿产公司和蓄电池等生产企业的废水排放是主要原因。

辽河的福德店、通江口、三合屯、清辽和朱尔山 5 个监测断面水体中 Cr 的浓度比其他断面高，区域中的制药、电镀和化工企业是 Cr 污染的主要来源。

3.3.2.2　浑河

对浑河水体中 7 种重金属进行主因子分析发现，第一主因子主要反映了 Cu 和 Cd 的污染信息，第二主因子主要反映了 As 和 Hg 的污染信息，第三主因子主要反映了 Pb 和 Cr 的污染信息。进一步分析发现，Cu 和 Cd 污染代表了采矿废水及尾矿坝废水污染源，其主要来源于抚顺红透山铜矿；As 和 Hg 污染主要代表了农药、化肥污染源，其主要来源于化肥厂排污（抚顺县化肥厂）及农田的化肥和农药径流。

对特征污染物比值分析发现，枯水期浑河水中有机污染物多环芳烃（PAHs）主要来自于石油源，丰水期主要为石油源和燃烧源，平水期主要为石油和热解的复合 PAHs 污染。因子分析发现，主成分一在低环的母体 PAHs 上和高环的 BbF 上有较大的载荷，其代表了煤、木柴等燃烧产生的 PAHs 及少量汽油、柴油等燃烧释放的 PAHs，而主成分二则代表了挥发性大、水溶性高的 PAHs（Nap），它们通过水-气交换形式进入水体中。

3.3.2.3　太子河

对太子河断面 7 种重金属进行因子分析发现，第一主因子主要反映了 As 的污染信息，第二主因子主要反映了 Cd 和 Cr 的污染信息，第三主因子主要反映了 Hg 的污染信息。太子河地表水 PAHs 污染严重；PAHs 浓度具有明显的季节分布特征，丰水期（7 月）远高于枯水期（4 月）。对污染源的分析表明，枯水期太子河水中 PAHs 主要来源于石油污染，丰水期和平水期主要来源于石油和燃烧混合源。

3.4 流域水污染控制现状技术分析

3.4.1 流域行业水污染控制技术

水专项对辽河流域重点行业水污染现状控制技术进行了较为系统的分析评估，参考国家相关水污染治理的技术标准、规范、指南等文件，提出了优选的辽河流域典型行业水污染控制技术[18]。

3.4.1.1 石化行业

（1）炼油废水。对一般的石化炼油废水，其中除含油、硫、酚、氨外，尚有无机氰、有机腈和络合氰化物等污染物。对于厂内无回用需求的企业而言，达标排放推荐使用"隔油—气浮—生化—过滤"耦合的处理工艺。

（2）石油化工废水。石油化工废水一般指以天然气、炼厂气、直馏汽油、原油、重油、轻柴油等为原料，经裂解、分离等工艺生产基本有机原料三烯、三苯、一炔、一萘，然后再生产二级产品醇、醛、酮、酸及三大合成材料过程中所产生的废水。由于其产品种类繁多，产品、原料、生产工艺和规模各不相同，致使其废水成分复杂、废水量大、污染严重。因此，处理此类废水推荐采用资源化回用与达标排放相结合的污染控制策略，工艺流程宜采用"分质预处理—二级生化处理—过滤—膜分离"的组合工艺。对于高浓度、难降解、具有生物毒性的石化废水，如丙烯腈废水、腈纶废水，必须运用"预处理—厌氧—好氧"的集成处理技术；另外，根据出水的用途，还需要考虑一定的深度处理，如回用水需要采用膜技术进行处理。

3.4.1.2 钢铁行业

（1）焦化废水处理技术有以下 4 种：

① A/O（缺氧/好氧）生化处理技术。预处理后的废水依次进入缺氧池和好氧池，利用活性污泥中的微生物降解废水中的有机污染物。通常好氧池采用活性污泥工艺，缺氧池采用生物膜工艺。当进水 COD_{Cr} 低于 2 000 mg/L 时，酚、氰处理去除率可大于 99%，COD_{Cr} 去除率可达 85%～90%，出水 COD_{Cr} 达 200～300 mg/L。该技术可有效去除酚、氰；但缺氧池抗冲击负荷能力差，出水 COD_{Cr} 浓度偏高。

② A^2/O（厌氧—缺氧/好氧）生化处理技术。A^2/O 工艺是在 A/O 工艺中缺氧池前增加一个厌氧池，利用厌氧微生物先将复杂的多环芳烃类有机物降解为小分子，提高焦化

废水的可生物降解性，以利于后续生化处理。当进水 COD_{Cr} 低于 2 000 mg/L、氨氮低于 150 mg/L 时，酚、氰去除率可大于 99.8%，氨氮去除率可大于 95%，COD_{Cr} 去除率可大于 90%，出水 COD_{Cr} 可达 100～200 mg/L，氨氮达 5～10 mg/L。该技术可有效去除酚、氰及有机污染物；但占地面积大，工艺流程长，运行费用较高。

③ A/O^2（缺氧/好氧—好氧）生化处理技术。A/O^2 又称为短程硝化-反硝化工艺，其中 A 段为缺氧反硝化段，第一个 O 段为亚硝化段，第二个 O 段为硝化段。当进水 COD_{Cr} 低于 2 000 mg/L、氨氮低于 150 mg/L 时，酚、氰去除率可大于 99.5%，氨氮去除率可大于 95%，COD_{Cr} 去除率可大于 90%，出水 COD_{Cr} 可达 100～200 mg/L、氨氮达 5～10 mg/L。该技术可强化系统的抗冲击负荷能力，有效去除酚、氰及有机污染物；但占地面积大，工艺流程长，运行费用高。

④ O-A/O（初曝—缺氧/好氧）生化处理技术。O-A/O 工艺由两个独立的生化处理系统组成，第一个生化系统由初曝池（O）+初沉池构成，第二个生化系统由缺氧池（A）+好氧池（O）+二沉池构成。在进水 COD_{Cr} 低于 4 500 mg/L、氨氮低于 650 mg/L、挥发酚低于 1 000 mg/L、氰化物低于 70 mg/L、BOD_5/COD_{Cr} 为 0.1～0.3 的情况下，出水 COD_{Cr} 可达 100～200 mg/L、氨氮达 5～10 mg/L。该技术可实现短程硝化-反硝化、短程硝化-厌氧氨氧化，降解有机污染物能力强，抗毒害物质和系统抗冲击负荷能力强，产泥量少。

（2）炼钢废水处理技术有以下三种：

① 混凝沉淀法废水处理技术。混凝沉淀法是在废水中投加一定量的高分子絮凝剂，废水中的胶体颗粒与絮凝剂发生吸附架桥作用形成絮凝体，通过重力沉淀使絮凝剂与水分离的废水处理技术。该技术适用于炼钢工艺转炉煤气洗涤废水的处理。

② 三段式废水处理技术。三段式废水处理技术的过程是废水先后流经一次沉淀池（旋流井）和二次沉淀池（平流沉淀池或斜板沉淀池），去除其中的大颗粒悬浮杂质和油质，出水进入高速过滤器，进一步对废水中的悬浮物和石油类污染物进行过滤，最后经冷却塔冷却后循环使用。该技术适用于炼钢工艺对回用水水质要求较高的连铸废水处理。

③ 化学除油法废水处理技术。化学除油法是通过投加化学药剂，使废水中的石油类、氧化铁皮等污染物通过凝聚、絮凝作用与水分离。主要设备是集除油、沉淀于一体的化学除油器。该技术适用于炼钢工艺对回用水质无特殊要求的连铸废水处理。

（3）轧钢废水处理技术有以下三种：

① 三段式热轧废水处理技术。轧钢废水的三段式处理技术过程与炼钢废水的相同。该技术可去除废水中的大部分氧化铁皮和泥沙，适用于轧钢工艺热轧直接冷却废水的处理。处理后的出水经冷却返回热轧浊环水系统循环使用。

② 两段式热轧废水处理技术。两段式热轧废水处理技术利用一次铁皮沉淀池与化学

除油器组合的方式进行废水的处理。该技术出水悬浮物浓度低于 30 mg/L，石油类污染物浓度低于 5 mg/L；但沉降效果不稳定，出水水质波动大。

③ 混凝沉淀石墨废水处理技术。混凝沉淀石墨废水处理技术通过投加混凝剂使废水中的悬浮物以絮状沉淀物形式从废水中分离。该技术处理后的出水悬浮物浓度低于 200 mg/L，出水与清水混合后可返回浊环水系统循环使用。

（4）冷轧废水处理技术有以下两种：

① 生化处理技术。生化处理技术利用微生物的新陈代谢作用，降解废水中的有机物。轧钢工艺废水的处理常采用的生化处理技术主要有膜生物反应器（MBR）和生物滤池等。生化处理技术适用于轧钢工艺浓碱及乳化液废水、光整废水和湿平整废水预处理后的综合处理，以及稀碱含油废水的处理。

② 混凝沉淀处理技术。混凝沉淀技术通过投加絮凝剂，使水体中的悬浮物胶体及分散颗粒在分子力的作用下生成絮状体沉淀从水体中分离。该技术适用于轧钢工艺冷轧废水的综合处理。

3.4.1.3 印染行业

印染废水根据棉纺、毛纺、丝绸、麻纺等印染产品的生产工艺和水质特点，可采用不同的处理技术路线，实现达标排放。印染废水处理工程的经济规模为废水处理量 Q≥1 000 t/d。印染企业集中地区可实行专业化集中处理。在有正常运行的城镇污水处理厂的地区，印染企业废水可经适度预处理，符合要求后，排入城镇污水处理厂统一处理，以实现达标排放。印染废水处理应当采用生物处理和物理化学处理技术相结合的综合处理路线，不宜采用单一的物理化学处理单元作为稳定达标排放处理流程。

棉机织、毛粗纺、化纤仿真丝绸等印染产品加工过程中产生的废水，宜采用厌氧水解酸化、常规活性污泥法或生物接触氧化法等生物处理方法，以及混凝沉淀、混凝气浮、光化学氧化法或生物炭法等物化处理相结合的处理技术路线。

洗毛回收羊毛脂后的废水，宜采用预处理、厌氧生物处理法、好氧生物处理法和化学投药法相结合的处理技术路线。或在厌氧生物处理后，与其他浓度较低的废水混合后，再进行好氧生物和化学投药相结合的处理。

麻纺脱胶宜采用生物酶脱胶方法，麻纺脱胶废水宜采用厌氧生物处理法、好氧生物处理法和物理化学相结合的技术处理路线。

3.4.1.4 造纸行业

（1）黑（红）液。造纸黑液处理技术有碱回收法、絮凝沉淀法、膜分离法、酸析法、好氧活性污泥法等，其中碱回收法是目前技术最成熟、工业应用最广泛的造纸黑液处理技术。碱回收技术又可分为燃烧法、电渗析法及黑液气化法。

燃烧法碱回收技术的流程分为提取、蒸发、燃烧、苛化—石灰回收四道工序。原理是将黑液浓缩后在燃烧炉中进行燃烧，将有机钠盐转化为无机钠盐，然后加入石灰将其苛化为氢氧化钠，以达到回收碱和热能的目的。随着工艺和设备的不断改进，碱回收的成本已远远低于外购商品的费用，成为大型碱法造纸厂的常规工艺。

（2）中段废水。由于造纸中段废水水量大、污染物浓度高、成分复杂，为保障中段废水处理达标排放，一般采用物化与生化相结合的处理方法。

物化处理方法中的混凝沉淀法或混凝气浮法是最常用的方法，具有过程简单、操作方便、效率高等优点，缺点是运行费用高。混凝剂一般选用聚合氯化铝（PAC）或其改性产品，助凝剂一般选用阳离子型聚丙烯酰胺（PAM）。用混凝沉淀法处理造纸废水，其 SS 去除率可达 85%～98%，色度去除率可达 90%以上，COD_{Cr} 去除率可达 60%～80%。由于处理后的出水水质较好，可将其回用于洗浆和抄纸，得到的泥浆可作为箱板夹层纸的纸浆回用。

活性污泥法是中段废水生物处理中使用最广泛的一种方法，常用的处理工艺有传统活性污泥法、序批式活性污泥法（SBR）等。此外，生物膜法中的生物接触氧化法也是常用的方法。

造纸中段废水成分复杂，在实际深度处理中，很难断言采用哪一种方法最好，因此在选择处理工艺时，应先充分考虑各种处理方法的优缺点，同时根据实际技术水平和生产状况，在不同的条件下对技术和经济进行比较后确定。

（3）纸机白水。根据各工段用水质量要求的不同，部分白水可直接回用，部分要进行不同程度的处理后回用。白水中的 SS 主要由纸浆纤维组成，可以作为资源加以回收利用。目前纸机白水处理方法主要采用气浮法，其具有 SS 去除率高、操作简单、处理效率高等优点。此外还可采用化学混凝法，该方法多与沉淀、气浮和过滤连用，通过投加混凝剂和助凝剂，使白水中的细小纤维、填料、胶体物质及部分溶解性有机物聚沉。

3.4.1.5　啤酒行业

啤酒废水 BOD_5/COD_{Cr} 较大，常见的啤酒废水处理均以生物处理为主，且基本上都以前段为厌氧处理（水解酸化为主），后段为好氧处理，不同之处在于：① 后段好氧生化处理分为生物接触氧化法（生物膜法）和活性污泥法；② 在厌氧和好氧生物处理中，又分为成熟的传统方法和应用较新技术的方法，如厌氧内循环反应器（IC）和封闭式空气提升好氧反应器（CIRCOX）。总体来讲，啤酒废水采用厌氧（水解酸化）生物处理与好氧生物处理相结合为主体的处理工艺相对成熟、可靠，且产生的污泥量较少，是主流工艺技术。

3.4.1.6 制药行业

制药行业废水具有品种多、成分复杂、浓度高、难生物降解等特点，处理难度大。对于一般的制药企业综合废水，推荐使用厌氧—好氧集成处理技术；根据出水的用途，还需要考虑一定的深度处理技术，如回用水需要考虑采用膜技术进行处理。对于高浓度、难降解、具有生物毒性的制药废水，必须采用物化预处理—厌氧—好氧的集成处理技术；针对制药废水的特点，仅仅考虑处理达标排放是不够的。从处理策略上，宜采用分级分质处理，对有价物质进行资源化回收，降低后续常规处理的难度和综合处理成本；从技术上，如何对小批量、高浓度、难处理的废水进行有效处理，还需要进行技术攻关。

3.4.2 流域水污染控制技术创新方向分析

分析流域水污染控制技术，尤其是重点行业水污染控制技术，可以发现以下特点：

（1）废水末端处理是普遍采用的污染治理方式，缺乏源头清洁生产、过程控污及末端处理组成的全过程水污染控制模式及其优化应用；

（2）以生化处理为核心的工艺是主流工艺，然而重点行业废水浓度高、难降解、性质极端（如酸度、碱度极高）等问题，成为制约生化处理主工艺正常运行的瓶颈；

（3）由于废水处理效率低，出水水质差，废水回用率低，与辽河流域水资源缺乏的状况形成反差；

（4）辽河流域水环境、水生态破坏严重，然而由于长期受制于水污染的现状，缺乏水环境和水生态修复技术，尤其是针对寒冷地区的技术及示范；

（5）除了工程减排措施外，结构减排和管理减排手段应用不足。

针对以上现状和问题，辽河流域水污染控制技术急需在以下几方面开展技术创新：

（1）针对产业发展链条，开展覆盖流域全产业，涵盖清洁生产、过程控污、末端处理的全过程水污染控制技术研发和示范；

（2）开展重点行业废水强化预处理技术研发与示范，提升废水可生化性，降低生化处理难度，保证废水处理达标；强化废水深度处理技术的研发与示范，提升出水水质和回用率；

（3）开展河流水环境修复技术研究与示范，为流域水环境改善尤其是支流水环境的改善提供技术支持；

（4）综合工程和非工程技术研究与应用，为水环境管理提供切实的技术支持。

3.5　流域水环境管理与水污染治理主要研究

综观国际流域水污染治理与水环境管理的发展趋势，流域水生态系统的健康是治理与管理的目标。我国探索性地制定了水功能区[19, 20]和水环境功能[21, 22]，旨在通过对水污染控制区的保护来实现水环境功能区的水质目标，但相应水污染控制分区未能有效地与水环境功能区划进行衔接。制定我国的水生态功能分区方案、提出流域水质目标管理技术体系是解决我国流域污染控制的重大科技需求[23]。以流域水质目标管理为指导，水专项在辽河流域围绕水环境管理和水污染治理两个技术体系的构建，着力开展了以下几个方面的工作[24]。

3.5.1　流域水生态健康评估与功能分区技术研究

水生态功能分区的目的是以"分区、分级、分类、分期"流域水环境管理思想，来推进从水质达标管理到水生态健康管理的转变，为水生态保护目标制定提供支撑[25-27]。水专项在辽河流域进行了大规模多频次的全流域水生态调查，调查点 440 个，共采到浮游藻类 143 种、着生藻类 229 种、大型底栖动物 161 种、鱼类 1 万多尾（共计 36 种，分属 7 目 11 科）。在此基础上，开展了水生态健康评估、水生态功能评价、水生态功能分区原则、分区体系和定量化分区方法等研究。建立了基于物理完整性、化学完整性和生物完整性的水生态系统健康综合评价技术，完成了辽河流域水生态功能一级、二级、三级分区，共划分为 4 个一级区、18 个二级区、79 个三级区[28]。健康评估和功能分区的成果，为辽河流域以水生生物保护为导向的水环境基准的制定提供了支持。

3.5.2　流域水质基准与水环境标准制定技术研究

为建立以水生生物保护和水生态系统健康为目标的新的流域水质基准标准[29-34]，水专项在辽河流域开展了水环境质量演变特征与基准指标筛选、水生生物毒理学基准指标与基准阈值、水环境生态学基准与标准阈值及方法、水环境沉积物基准技术方法、特征污染物风险评估方法与水质标准转化技术等方面的研究[35-37]。通过"十一五"的实施，水专项结合辽河流域水环境质量管理目标，建立了具有水生态功能区差异性的水质基准制定技术体系，提出了 3 项与基准及标准相关的技术导则规范，并针对辽河特征污染物，初步提出了 3 大类 12 种特征污染物的水环境质量基准建议阈值，强有力地支撑了辽河流域两大技术体系的构建。

3.5.3 流域污染容量总量控制技术研究

为建立流域污染容量总量控制技术，水专项在辽河流域开展了流域水环境系统分析与模拟研究[38-41]，评估了流域水生态承载力，研究了多目标条件下的流域污染物总量分配技术，完成了辽河流域数字水环境系统集成，并在辽河流域筛选 5～8 类典型控制单元，建立了控制单元水环境问题诊断、污染物控制指标筛选技术、污染源排放总量核算方法，建立了污染源负荷与水质目标之间的输入响应关系，制定了控制单元污染物削减方案。

随着项目的实施，在辽河流域提出了基于水生态承载力的产业结构调整方案[42]，在水生态功能分区的基础上，结合行政管理需求，在辽宁省辽河流域共划分了 94 个污染控制单元，选择了铁岭、抚顺、盘锦、四平 4 个行政区 27 个控制单元，开展水质目标管理技术示范。流域污染容量总量控制技术，从流域整体层面建立了总量控制管理方案，形成了相对完善的流域容量总量计算和分配技术体系。

3.5.4 流域监控预警与风险管理技术研究

在综合辽河流域水环境特征与水资源利用差异的基础上，针对城市河段、饮用水水源地和入海口等不同类型区域开展了水环境风险源识别[43-47]。围绕中部 8 个城市工业废水和生活污水造成的常规污染物超标、大伙房饮用水水源地受农业及尾矿废水污染、大辽河河口受海区养殖污染等问题，筛选出 360 个重点风险源。通过污水去向、企业所属行业的特征污染物、常规污染物等评估指标，发现其中 23 家为特大风险源，72 家为重要风险源。分别构建了不同类型水环境污染负荷水质响应模型，搭建了风险预警技术与综合信息管理平台，实现了针对城市水环境风险源超标排放预警、城市水环境质量评价预警、饮用水水源地的监控预警的信息化及规范化。

3.5.5 流域水污染控制关键技术研究

按照"流域统筹、分区治理、重点突破"的技术思路，针对辽河流域石化、冶金、制药、印染等重污染行业研发清洁生产、过程控制、强化处理为核心的全过程污染控制集成技术系统，研发了重污染河流修复、面源污染控制成套技术，以及产业结构和布局调整、水质水量联合调度治污技术，形成工程减排、结构减排和管理减排关键技术共 75 项。主要技术成果应用于建设示范工程有 30 项，年处理污水超过 1 亿 t、减排 COD 为 1.6 万 t。

3.6　水专项关键技术突破及其示范应用

水专项在辽河流域的研究紧密结合了流域重要规划与治污计划，通过技术研发、集成和示范，发挥了良好的科技示范作用，推动了流域治污工作。

3.6.1　突破重污染行业治理关键技术，大幅度削减污染物排放

针对浑河中游石化、制药等重点行业水污染问题，研发了"膜分离浓水臭氧高级氧化技术"和"絮凝沉淀-多介质过滤-双膜法"工艺，将此工艺应用于 80 万 t 乙烯废水处理工程，实现 COD 削减量 4 240 t/a；研发了"水解酸化-接触氧化生物共代谢集成技术"，应用于 2 000 t/d 东北制药张士磷霉素钠废水处理工程，实现 COD 削减量 420 t/a。针对太子河流域钢铁、化纤等典型工业行业的水污染问题，研发了"陶瓷膜预处理-短程硝化反硝化-催化臭氧氧化处理技术"工艺，应用于鞍山钢铁公司 220 万 t 焦炉配套 4 800 m^3/d 焦化废水工程，实现 COD 削减量 300 t/a，钢铁焦化废水首次达标排放；研发"A/O 生物膜-微絮凝-接触过滤处理技术"，应用于中石油辽阳石化公司 24 000 m^3/d 化纤废水处理与回用工程，实现 COD 削减量 350 t/a。针对辽河河口单元联合化工、石油开采、水稻种植三个重点行业的水污染问题，研发综合化工废水达标排放与回用、含油污泥资源化与安全处置、稻田面源污染减排与河流修复等关键技术，在大型联合化工企业——辽宁华锦集团等完成了 3 项应用与示范。

从流域和企业两个层面构建了清洁生产潜力分析模型（SDM-BCPP 模型）[48]。依据该模型识别流域清洁生产关键影响因素，针对 6 个重化工行业（石化、冶金、制药、印染、化工和造纸）的不同特征，在已建立的 6 个示范工程应用系统中进行核算和分析[49]，发现模型测算的结果与实际运行的数据非常吻合，对构建清洁生产技术评估方法、流域清洁生产的实际操作和控制具有非常重要的意义。在以上模型的基础上，针对各个行业的共性问题，研发并形成了传统工艺与膜技术相结合的流域节水减排清洁生产集成技术，实现了污染物过程控制和回用水的再生循环。通过 6 个示范工程实现了辽河流域节水量 1 600 万 t/a 以上，实现了 48%的循环节水率和 18%的 COD 减排率，显著降低了末端处理的压力。

遵循"源头减排、生态修复"的主线，针对辽河上游流域冬季气温低、经济发展较为滞后等区域性特点，在畜禽粪便资源化、人工湿地低温运行及高效脱氮、污染河流人工强化生态处理等方面取得了关键技术突破，着重解决了以上技术运行成本高、长期稳定运行时间短、低温环境运行效果差等方面的问题，形成了辽河上游农村水污染治理技

术集成体系。该技术系统以提高农村水环境质量、保障饮用水安全、改善人居环境质量、解决部分农户能源需求为目标，建立以有机固体废物资源化技术为核心的村镇污染物资源化体系，建设以联合厌氧发酵技术为核心的沼气站及有机肥站，解决农村畜禽粪便、果蔬大棚有机垃圾、污水处理设施剩余污泥问题，同时解决部分农户做饭能源问题，为养殖业及农田提供有机肥料。中小型污水处理技术与河流污染治理技术在低成本的基础上，改善农村水环境质量，保障饮用水安全。研究成果对辽河水质改善以及辽宁省农村环境连片综合整治工作的扎实推进起到了重要的科技支撑作用。

3.6.2 突破水体污染负荷削减与生态修复关键技术，支撑示范区水质改善

针对辽河源头区（辽河流域吉林省部分）跨界、高污径比、工业点源与面源污染并重的特点，全面系统分析了辽河源头区的水污染特征，研究了跨界河流水环境管理技术，构建了水环境管理信息平台。围绕"种植-粮食深加工"的区域特色产业链条，研发集成了 IC-A-O-MBR-RO 组合中水回用工艺技术和涵盖"田间—岸边"过程污染物阻控的农业面源污染治理技术，并建设相应的示范工程。研究成果为《辽河流域（吉林省部分）水污染防治"十二五"规划》治污目标及重点任务确定提供了依据，为实现流域污染物总量控制及跨界水环境管理目标提供了技术支撑。

针对浑河上游流域源头区水源涵养林破坏严重，水源涵养、水量调控功能锐减，流域内点源和面源污染加剧等问题，研发了源头区植被结构调控、点源面源污染负荷综合削减等关键技术，建设了典型支流污染防治与生态水系维持等综合示范工程。项目研究的水源涵养林结构优化与调控关键技术已经在浑河上游地区开展成果推广与应用，集成了提高浑河上游水源涵养能力、改善水污染控制与水质等配套技术，初步解决了水体污染持续恶化的趋势，使浑河上游水体中 COD、TN、TP 等主要污染物含量明显下降，水质初步改善。

针对辽河河口区湿地由于生态缺水导致芦苇湿地生物群落严重退化、生态功能明显减弱的问题，研发了辽河河口区湿地水网调控技术、河口区高抗逆性芦苇植株培育技术、大型河口湿地典型污染物净化技术等 7 项关键技术，通过系统集成，构建了河口湿地水资源调控与生态修复关键技术系统，部分成果应用于 2 个示范工程。示范区单位面积生物量平均增幅为 48.6%，污染物去除能力提高 30%。成果为辽河口湿地生态保护和辽河流域水体污染控制与治理起到了重要支撑作用。

研究制定了辽河流域水质水量优化调配技术方案，研发了流域保障河流水质改善的库群联合调度及闸坝调控等关键技术，开展了太子河水质水量优化调配工程示范等。研究的辽河流域水质水量优化调配技术和流域突发水污染事件水力应急调度技术成果已在

辽宁省涉及水行政管理的部门中得到应用，方案在太子河示范河段的实施使干流水质得到改善，达到Ⅳ类水质标准。该成果为辽河这一重度污染流域的"摘帽"提供了泄放生态用水的技术指导和科学依据。制定的河流水质水量联合调度法规导则——《辽宁省水库供水调度规定》[50]以辽宁省人民政府令发布，已成为辽宁省水资源管理和水库调度的依据。

3.6.3　研发流域结构减排和管理减排等技术系统，支撑流域水污染综合治理

通过对流域各地市的水资源环境的自身特点以及产业结构、工业内部行业特征进行分析，结合各市基于水资源和水环境约束的工业结构调整模型优化的结果，对辽河流域各地市工业结构优化减排提出以下建议。

（1）沈阳市：食品、石化、医药行业作为基础产业，应保持其发展规模，但应重视新技术升级，推行清洁生产和节水技术。建材和机械行业已具有一定基础，特别是机械行业已成为沈阳市主导产业，应保持其快速增长态势。其他行业，可作为机械制造、建材加工业的配套行业，适当增加发展速度，由此形成比较完善的沈阳市工业体系。

（2）抚顺市：石化、冶金等行业应全面推进产业的优化升级，延伸产业链。加大装备制造业、高新技术产业的发展，全面提高技术水平。限制造纸、纺织、医药、食品等重污染行业的发展。

（3）铁岭市：电力行业应提高节水能力建设。煤炭行业作为主要经济创收行业应控制其发展规模，开展煤炭深加工，延长产业链。机械、建材行业已具有一定基础，应成为主导产业，保持快速增长。由于农业经济发达及其产品的特殊性，食品行业应注意降低氨氮的排放。

（4）盘锦市：石化行业是盘锦的支柱产业，发展基础较好，应集中力量做大做强。建材行业应适当关停淘汰。装备制造、食品行业应培育壮大，发展钻井机械、高低压阀门、汽车零部件、船舶制造和环保设备等先进制造业，发展水产品、肉食品、调味品等食品加工业。造纸行业应坚持苇-浆-纸一体化道路，形成一定的规模产能。

（5）本溪市：冶金行业作为本溪市传统的优势产业、支柱产业，应做大做优做强。建材、机械行业已有一定基础，是主导产业，应保持一定增长速度。石化、医药行业基础较好，应开展中药产业的升级换代。

（6）辽阳市：传统造纸业必须控制其发展规模，应进行结构调整。化工化纤塑料业、钢铁和有色金属加工业应形成三个重点产业集群，做大做强。石化行业须加强技术改造，推行清洁生产和节水技术。

（7）鞍山市：冶金行业是鞍山传统的优势产业，应采用先进技术标准，积极推行清洁生产，发展循环经济，实现环境友好发展。纺织业、食品业、造纸业要实施集群式发展战略，形成一定规模的工业园区。建材、机械行业已具有一定基础，应保持一定增长速度。

（8）营口市：冶金、机械、建材行业是营口经济的主要动力和增长点，但应重视技术升级，推行清洁生产和节水技术。石化、食品加工业、纺织业基础较好，要保持在工业中的一定比例。传统造纸业须控制发展规模，进行淘汰或技术改造。电力行业要保持其稳步发展，减少用水总量。

依据流域各市的工业结构优化结果，结合对应的用水和排污状况，进一步提出了辽河流域工业结构的调整方向。

（1）需要鼓励发展的产业：以通用设备制造业、专用设备制造业、交通运输设备制造业、电气机械及器材制造业、通信设备、计算机及其他电子设备制造业为主的机械行业是具有比较优势的低耗水、低污染的行业，这些部门耗费资源和产生污染的指标都非常低，而且经济效益高，应该作为辽河流域重点发展的行业。

（2）需要优化发展的产业：冶金、石化、食品、建材、医药等行业。这些行业污染较重、耗水较高，但是对地区经济发展具有重大影响，要优化发展，必须同时做好环境污染的治理工作，提高环保投入，加强环保节水技术改造。

（3）需要控制发展的产业：电力热力的生产和供应业、煤炭开采和洗选业、木材加工及家具制造业、水的生产和供应业等行业。这些行业的污染较重，用水量较大，特别是在缺水地区应控制这些行业的发展。

（4）需要限制发展的产业：造纸和纺织行业，大多是耗能高、污染重、缺乏长远的发展潜力，要加大对这些行业总量和增长速度的控制力度，严格限制这些行业的发展。其中造纸行业是盘锦、营口等地区污染较重的支柱行业，除了要限制其规模以外还应该加强内部结构调整。

管理减排方面，在辽河流域污染特征及环境问题诊断研究的基础上，结合单元水体功能区划的要求，确定了辽河流域各单元的水质管理近期、远期目标和总量控制目标及单元污染治理的主要任务，提出了单元污染控制方案。针对辽河流域重化工业集群河流水污染特征，集成冶金、石化、造纸、啤酒、制药、印染等典型重污染工业行业开展的清洁生产和工业水污染全过程控制研究成果，基于突破的废水污染负荷削减、废水减量化和资源化等关键技术，开展了流域重污染行业管理现状及评估，提出了辽河流域管理减排总体方案。同时结合流域污染控制相关配套制度与法规建设现状及存在的管理问题，开展了 3 项辽河水环境综合管理地方法规草案及方法研究，分别为《辽宁省污水处理厂运行监督管理规定》[51]《辽河流域水污染防治条例（修订稿）》[52]的制定和颁布提供了有力借鉴。

　　三大减排齐头并进，辽河流域水质全面提升。按照"分区、分期"的指导思想，系统研究了不同控制单元的水污染特征并进行水体污染源解析，全面系统诊断了辽河流域水环境问题；开展了辽河流域社会经济发展与水环境负荷之间的定量关系研究，提出了辽河流域产业结构调整与布局优化方案；对流域冶金、石化、制药等重点行业污染治理关键技术进行分析、筛选、耦合和集成，形成了辽河流域水污染控制技术集成体系；构建了流域不同控制单元水污染治理方案。

第4章　规划编制关键问题研究

4.1　关于控制断面解析

怎样过"控制断面解析"这道坎？控制断面始终贯穿于水污染防治规划的全过程，其水环境质量指标是目前流域污染防治规划目标的最终分解指标和考核的有效抓手，在规划过程中占有非常重要的地位。举例来说，控制断面已有的水质、水量和水文资料的分水期评价结论是水污染防治规划总体设计的基本依据；控制断面在特定地点的规定作用是规划任务监控要求的现实表述；控制断面的双总量控制指标是规划效益评估的定量基础。因此，控制断面是规划自始至终都要狠抓不放的要件。

规划调研起始，面对纷繁杂乱的信息，抓住控制断面进行数据梳理和问题分析，是在流域层面做好水污染防治规划的基础。这方面的工作包括：① 仔细研究规划分区各控制区之间的接口断面；② 梳理和甄别控制单元内的主要和次要控制断面；③ 研究用数据论证"十一五"治污进展和"十二五"治污需求的可用断面。

在对控制断面的作用统一认识的前提下，掌握操作层次的解析技术就变得容易。所以我们就将控制断面解析称为一道坎。解析就是解释分析，就是将控制断面信息全面、系统、完整地汇集后，进行时间、空间、污染物类型的三维解释分析。

（1）过坎的第一步——全。省市设置的、国家设置的、水利部门设置的断面，都要全数收集。汇总列表注明断面位置、设置目的、检测频次、监测项目、数据系列长度等基本信息，以便为设计全面的控制断面系统做准备。这一步是形成合力的基础，是评估已有控制断面设置合理性的必要准备，也是为最终各个控制断面定位技术的盘点打基础。

（2）过坎的第二步——细。细分省界、市界、县界断面，各类水功能代表性断面，重大污染源下游、重大水文水力学变化断面，确定断面作用和级别。结合控制区、控制单元的控制需求，精细确定应选取的控制断面，并分别给予定位建议。

（3）过坎的第三步——准。要收集影响控制断面水质的污染物排放总量及入河量，收集对应监测值时段的流量资料，结合这两套资料，对同一断面全部水质监测资料，单因子、分水期进行功能标准的符合性评价。准确确定超标项目、超标倍数、超标水期、超标历程、超标原因、超标溯源分析等结论。不能匆忙上机统计，一定要采用先分析、判断，后再确定水质监测数据统计处理的方法和评价结论的描述模式。

就控制断面解析而言，如果在流域范围内先迈出这三步，就能形成跨部门、跨地区的资料有效汇集并进一步有利于控制区、控制单元体系工作的深入开展。

4.2　关于控制单元划分

"控制单元划分"这六个字，前两个字是目的，是魂；中间两个字是结果；最后两个字是过程，是追求目标的过程，是完成结果的过程[53]。过程由目标的多样性和结果的多选择性所决定，并无一定之规，如果硬要制定规矩，那么限制条件就更多。

我国提出的控制单元划分，始于 20 世纪 80 年代城市环境综合整治规划，目的是寻找区域内优先控制问题和优先控制区。1995 年淮河治污规划为了对流域内各支流、各区域提出水质还清的分解目标，沿用了控制单元划分结果[54, 55]。直至 2005 年，南水北调东线、中线治污规划也都分控制单元分解排污总量指标。长达 20 年的实践确定的控制单元划分有四步骤：

第一步：寻找问题断面。判定污染水期、时段、污染物类型；

第二步：确定汇流区域。通过水系分布、自然地理单元、行政区界判断影响断面水质的汇流范围；

第三步：初步输入响应分析。半定量或分析污染源排放量与断面水质的对应关系，证实汇流范围的可靠性；

第四步：决策执法能力。考量控制单元内行政执法的可行性和有效性，最终确定控制单元。

以上四步，都以控制为魂，以问题为导向，而没有考虑县级市数据，以及执行的划分原则。因为，一切为了发现问题、解决问题、实现污染控制。

这一思维，各行各业都适用，比如北京城区按特色发展，可以规划为东城、西城、崇文、宣武四个区。为建世界城市，需要南北打通，就合并这四个区为东城、西城两个区。这里是以城市发展为魂的理念，并无划分原则有变之说。

对于划分原则和要求，有必要探讨划分问题。

我国 20 世纪 80 年代初开始水质模拟工作，使用河段及入河排污口、支流编码，目的是反映河段功能的连续性。控制区、控制单元编码需考虑有无创新的条件：一是各单元有各自的污染问题，不一定能连续传递，编码需求不强烈；二是"十二五"规划要重点突破少数几个控制单元，按上下左右编码对大多数单元无意义。因此需慎重考虑编码技术的引入条件和目的。

其他原则与要求是否适当，只有用"魂"衡量一下就会有答案。

控制区就是省级区，分省承担责任，不必把事情化简为繁。至于按水资源二级区或三级区细分，是一种倒退的细分方法。水利部门为保护水资源的需求，在水资源分区基础上前进一步，划分了水功能分区。环境规划不能仅从获取数据的需要，增加亚区和模拟计算单元的划分，这不是以控制为魂。正确的做法是：通过细分控制单元，水利部门进一步提供可供规划使用的设计流量和断面水质目标，不必在污染控制系统中增加这些内容。

水体本身的汇流关系，不是按照先上游后下游、先支流后干流、先左岸后右岸的编码原则。汇流关系是由上下游、地形高差、水系分布、距离控制断面远近、源与目标一致性等因素来确定的。

"控制单元最小行政单位到区县"，这一规定远离控制目标。举例来说，如果要同时控制北京市朝阳区的清河、北小河、通惠河、凉水河等，朝阳区可以作为一个控制单元；若仅控制清河，则以清河镇为控制单元；若仅控制北小河，以奥林匹克地区为单元；若仅控制通惠河，以北京东南郊为控制单元；若仅控制凉水河，控制单元则要追溯到房山。在控制"魂"面前，没有区县的区别。

"个别区县涉及两个重要水体"，"可以将区县分拆成两个不同控制单元"，但必须"排污基本平均分配到不同水系，且污染严重、跨界矛盾突出、环境相对敏感"，加上这些条件，目的就在于不能轻易拆开区县，实际涉及的两个重要水体也不同意轻易拆分。硬是把简单的输入响应问题区县化，只是水污染问题不以区县划界。

"不能因为部分农村区域和城镇区域分属不同水体而划分为不同控制单元"更没根据。农村区域没有数据，但许多以氮磷问题为控制目标的断面，就是要在农村区域设立控制单元，不单独划分单元。非要与城镇同单元，就没有控制的针对性。

"社会经济发展重大战略等建议不作为控制区、控制单元划分的重要依据"，这一规定又忽略了控制单元的最终审定者是地方政府。如果辽河流域成立了保护区，准备特别监管，不可否认的是，地方政府会要按一个控制单元管保护区，与划分方式无关。

至于控制断面，典型河段上有主、次断面之分。但复杂的是，滇池有按一个污水处理厂汇流区为单元的，污水处理厂排放口就是一个控制断面；三峡库区上游赤水河重金属污染，控制断面不只是河流控制断面，还要上溯至区域排放口和车间排放口；大庆控制单元，可以没有控制断面，或者另设地下水控制点。类似于以上情形的河段都没有必要一一规定，按照污染控制的要求，应按需确定。

控制单元划分得越细，污染问题抓得就越准。划得细是为了精细控制，有利于将更多的非重点单元排除出去，集中精力抓重点。当前最需要做的是在研究各流域确定的控制重点时，控制单元能否发挥解决问题功能，而不是设想一些不切合实际的原则和规定，束缚自己的手脚。"控制"是魂，在污染控制上下工夫，控制单元的划分工作会在污染规划过程中不断修正和完善。滚动改进，规划完成之日，也是优先控制单元完善之时。

4.3　关于控制单元的控制对象

在制定《辽河流域"十二五"水污染防治规划》进程中，出现频率最高的词可能就是"控制单元"了，这也是国家在"十二五"重点流域治污策略中引入分区控制体系的必然结果[56, 57]。因此，规划编制的顶层设计、总体布局都将依托于控制区和控制单元。可见，控制单元的介入使得"十二五"流域水污染防治规划具有更新颖、更鲜明和更科学的空间规划特征[58]。

控制单元，其划分的依据影响控制断面的汇流单元。一个控制单元，可以有多个控制断面设定其预期达到的水质目标，从而能够更方便和更容易地追溯各自的影响源[59]。但是一个控制单元必须有一个主断面，以便归纳所有影响断面水质的污染源。控制单元可以兼顾行政区界，但必须服从自然汇流特征，不能因为行政区界，把污染物汇流路径和"归宿"改变了，小流域特征、上下游关系都没有了。

另外，需要特别注意的是，不能因为想利用某行政级别的统计数据，或因为缺乏排放口数据、缺乏控制断面数据，而把控制单元变成按行政区界组合，全然摒弃了水污染控制必须基于水系、水流特征这一基本理念。

那么，控制单元都控制什么呢？这就要从控制单元的要素入手进行分析。控制单元的要素，一是控制断面，二是汇流区域。第一个要素代表水质目标，第二个要素代表汇流区域内所有影响水质目标的动因。围绕目标和动因，可以明确控制单元应控制 5 个量、5 类项目、1 项投入，简称"551"。

5 个量，即指控制单元的用水量、排水量，排污量、入河排污量、断面水质浓度量。控制单元用水量，导向节水，协助校核排水量。排水量是管网收集率、污水处理率的计算基础，也是规划用水效率的条件。排污量是排水量与达标排放评估和集中处理效果评价综合平衡的产物，由平均排污浓度的约束，减污难以有突破口。入河排污量，一是要将入河排污口与进入本排污口的各污染源排放口联系起来，明确排污去向；二是要确定入河量和入河前自净或择段排放量。最后是断面水质浓度量，即常说的水质监测值。没有入河排污量，排污量影响水质指标的机理就无法弄清楚。因此，五个量缺一不可。

5 类项目，指的是影响水质的 5 类动因各自对应的解决方案和措施。对应节水和河流的整治是区域综合治理项目；对应工业污染源的清洁生产和工艺改造，是工业园整体改造项目；对应污水处理厂的污泥治理和升级改造是处理厂节能提效项目；对应农村面源、畜禽养殖的污染处理是农业污染集中控制项目；对应水量、水质的有效监管是水资源、水环境综合管理项目。5 类项目是 5 个量（调控目标和解决方案）的设计理由。

1 项投入，即技术、经济投入的论证。应区分不同目标、不同项目分述技术可行性和经济投入，以便最终决策。

规划编制过程中，这"551"并不是一蹴而就的，而是需要规划编制人员反复推演、论证和分析，才能使规划的项目出口最终满足规划目标要求。

4.4　关于控制单元的输入响应分析

输入响应分析，可以理解为"从动因找结果，从结果找动因"。要提高水污染防治规划宏观指导作用和项目效益，就必须明确规划的内容、指导方式和作用原理，这就要对输入响应分析有基本的了解。

在水污染防治规划领域，完整的输入响应分析程序来自美国国家环境保护局[60-62]。

美国国家环境保护局提出的经典程序是一个周而复始的闭合过程：

（1）提出规划目标；

（2）将目标转化为对应的水质标准；

（3）建立污染物排放和水质标准的输入响应关系；

（4）提出实现水质标准可供选择的多种方案；

（5）技术、经济优化决策；

（6）行政审查；

（7）形成实施方案，或返回第一步重新设定目标。

很明显，输入响应分析方法在这七个步骤中反复应用，不断地在污染源和环境目标之间寻找解决问题的方案。

作为环境科技人员，应具备的基本功就是建立污染源和环境目标间的信息分析、反馈和实时调控系统。对每一个环境问题进行溯源追踪，明确每一个措施的有效性和每一个方案的目的性。

输入响应分析可以概括为两种路径：

（1）从污染源指向环境目标。先将污染源、排放口、排污量、入河量、排放规律作为输入量。再将水质控制断面、水期监测值、功能区目标作为响应点。采用水质模型、统计分析、动因结果归类等方法，完成排放量变化与水质改变间的输入响应分析。这一路径，重点在于发现问题，找出原因，采取对策。

（2）从环境目标指向污染源。即先将欲达到的环境目标、欲采取的措施、欲推荐的方案、欲投入的资金作为输入。再将污染源可承受各类措施的条件、区域内综合调控方案作为响应的条件。再利用优化方法、方案比较、行政决策等方法，计算实现环境目标的技术经济投入。这一路径，重点在于确定实施方案和骨干工程项目。

控制单元的"551"，就是输入响应分析的路线图。

如果能在污染源与环境目标间不断运用正向和反向输入响应分析方法，规划的总体水平就会有一个大的提高。

在辽河流域水污染防治"十二五"规划优先控制单元规划目标可达性分析过程中，输入响应选用 2003 年国家环境保护总局环境规划院提供的河流水环境容量分析系统，需要输入参数：流量、流速、COD 水质浓度、氨氮水质浓度、COD 降解系数、氨氮降解系数、河流长度、排污口个数、支流数、取水点个数、监测点数 11 项。模型基础是河流稀释混合模型和河流一维水质模型，具体方法如下。

4.4.1 计算方法

4.4.1.1 河流稀释混合模型

对于点源，河水和污水的稀释混合方程为：

$$C = \frac{C_p \cdot Q_p + C_E \cdot Q_E}{Q_p + Q_E} \qquad (4\text{-}1)$$

式中，C —— 完全混合的水质质量浓度，mg/L；

$\quad Q_p$ —— 河流设计流量，m^3/s；

$\quad C_p$ —— 设计水质质量浓度，mg/L；

$\quad Q_E$ —— 污水设计流量，m^3/s；

$\quad C_E$ —— 设计排放质量浓度，mg/L。

4.4.1.2 河流一维水质模型

$$C = C_0 \cdot e^{-Kx/u} \qquad (4\text{-}2)$$

式中，C —— 距初始均一断面 x 处的污染物质量浓度，mg/L；

$\quad C_0$ —— 初始均一断面的污染物质量浓度，mg/L；

K —— 综合衰减系数，1/d；

x —— 距初始断面距离，m；

u —— 接纳污染物河流的平均流速，m/s。

4.4.1.3　污染物削减量测算

采用一维反向模型整体测算污染物削减量：

$$\Delta W = W_1 - W_2 = 31.536 \cdot Q \cdot \left(C_1 - C_2\right) \cdot e^{Kx/(86.4u)} = 31.536 \cdot Q \cdot \Delta C \cdot e^{Kx/(86.4u)} \quad (4\text{-}3)$$

式中，ΔW —— 污染物削减量，kg/a；

W_1 —— 控制断面河段纳污量，kg/a；

W_2 —— 上断面河段纳污量，kg/a；

Q —— 河流设计流量，m^3/s；

C_1 —— 控制断面水质标准，mg/L；

C_2 —— 上断面入流水质标准，mg/L。

4.4.2　参数选择

（1）综合降解系数（K）：COD 和氨氮综合降解系数按照《全国水环境容量核定技术指南》提供的参考数据。

（2）设计流量（Q_p）：由于北方河流流量偏小，有些支流存在断流现象，所以计算所用的设计水文条件应适当放宽要求，采用 2006—2008 年 50%保证率最枯月平均流量。

（3）废水入河量（Q_E）：以 2006—2008 年 50%保证率最枯月平均流量为准；缺乏实测数据的可按年入河量均值代替。

（4）设计流速（u）：对应设计流量条件下的流速。

（5）排污口到断面距离（x）：以实际测定距离为准。

（6）水质目标（C）：采用"十二五"水质目标。

4.5　关于水量平衡和物质平衡的分析

在调研中，各部门、各省市获得的数据，需要根据水污染防治规划的需求进行数据代表性分析和一致性分析，使单个数据成为配套系统性数据，才能用作输入响应系统分析。数据系统建立方法之一就是水量平衡和物质平衡。

平衡是相对于具体的区域、节点和断面来进行的。

对于控制断面。水量平衡是指上游输入量、断面取水量、污水入河量、下游输出量之间的平衡，即来去水平衡。物质平衡是指上游输入水量乘浓度，加上本断面污水量乘平均浓度，减去本断面用水量乘平均浓度，再除以输出水总量，所得水质浓度应与控制断面水质监测值保持平衡。考虑自净、漏统计等因素后，仍不能平衡的，必须寻找原因。

对于控制节点，通常指的是陆上区域内的一个汇流节点。入河排污口节点和汇入入河排污口之上的各主要污染源排放水量与排污量，应与入河排污口之下的排水量、排污量平衡。如果二者之间相差过大，需要找出其原因。

对于控制区域，工业用水、生活用水、农业用水应该与区域用水总量平衡。城市生活排水，应该与城建部门的区域用水量、排水量相平衡。水利、城建、环保部门的数据，各有侧重点，要统一应用在控制单元内，做好接口，确定一套合理的平衡数据。

需要注意的是，在这些平衡中，最困难的是环保部门缺少排水量或河流流量数据，或无法确定入河排污总量，或无法与水质监测值响应，必须有水利、城建数据给予支持，在仍得不到满意结果时，必须勇于决策，尽可能平衡出一套可供规划利用的数据。因此，需要发挥各部门专家的判断，建立一个可滚动改进的数据平台。并不要求每个控制单元都建立数据平台，但重点优先控制单元必须建立。换句话说，对于现在没有条件建立水量平衡、物质平衡的控制单元，数据基础不具备支持治理措施和项目的必要性和综合效益，那就先自动退出重点优先控制单元的行列。争取在"十二五"期间，扎扎实实地做好基础工作，留待下一个五年规划中再对控制单元进行重点治理和控制。

4.6 关于面源污染与径流的关系

在水污染防治规划中，有某些水体有 60% 负荷来自面源的说法，也有面源污染对水质影响越来越大的说法，更有将面源与点源分别列表直接展示统计数据以显示面源污染威胁更大的做法。对于此类现象，值得指出的是，能脱离径流来度量面源污染负荷吗？从小范围来讲，如果面源指的是水体渔业养殖，网箱污染就在水中，可以与径流无关。但从大范围来讲，如果面源指的是城市、农村、矿山的面污染源，那么形成面源污染就必然与径流有关，否则进不了水体。国外文献非常准确地定义了城市径流污染、农村径流污染、矿山径流污染是有根据的，因为工业废水、城市污水经区域集中排水系统的处理后，就会进入河流和湖库。而面源污染则完全不同，没有径流就不能流入河流和湖库，这就是点源可以统计产生量和入河量，面源采取同样的做法就会产生错误的原因。

面源污染与径流相关,是指与降雨强度,产流条件,下垫面产污特性,径流中污染物颗粒态、溶解态组成,区域汇流过程,水体中污染物径流峰值规律等均有关,这些环节的定量对于面源污染影响大的说法很难成立。

20 世纪 60 年代,美国马里兰大学城市径流污染的典型实验条件是每小时 1 英寸(25.5 mm)强度的雨,50 min 能冲净街道地表固形物[63-65]。中国在 20 世纪 40 年代就存在的四川内江径流实验场保留有不同雨量强度、不同施肥时间、不同作物种植方式条件下,一场降雨径流能冲走的土壤中氮、磷等各种养分。国内外的学者都研究了降雨径流过程是怎样产生面源污染的,统计化肥农药施用量后再乘流失系数就会使问题简单化处理。对于这种简单化的结论,在进行输入响应分析时,平衡分析就会出错,所以不能用。

在讨论面源污染时,第一要研究本流域的降雨产流规律。第二要研究径流入河入湖规律,例如北方冰封期无径流入河,河岸高于两岸土地,也无径流入河。第三要研究每年降雨径流夹带污染物的数量和组分,动态归纳面污染负荷。第四要溯源研究不同污染物的来源,如城市水体,一场大雨过后主要污染物是轮胎中的锌、汽油防爆剂中的四乙基铅等。面源污染的分析方法一定要严格遵循降雨径流规律,定量评估不同水期、不同汇流路径下的面污染负荷。特别是不能脱离径流特征来确定面源控制单元。

农业部正在全国各代表性区域进行降雨径流条件下的面源污染量实测,这对于过高估计的中国面源污染负荷量是重要的数据修正。可能成为径流冲刷物的种种面污染物不能统计为面污染负荷,只能在伴随径流冲入水体后,才能形成面污染负荷。农业部实测化肥流失入河量为 1%~3%,与流失系数算出的 20%~30%流失入河量差别甚大,反映了计量面污染源负荷脱离径流的后果的严重性。

4.7 关于水质评价的"三对号"原则

水质评价的重要性不言而喻,因为断面水质目标考核既是流域治污的起点又是终点。在制定和执行流域水污染防治规划的过程中,水质评价贯穿始终,以便响应污染物输入。

水质评价的"三对号"原则是从水质评价的目的演化而来的。第一对号是时间,指的是分水期、分时段对号等;第二对号是空间,指的是断面位置,反映的是重大污染源下游、重大支流汇入或水源地等;第三对号是污染物类型,指的是水质问题的类型,有机黑臭型,还是有毒有害型或富营养化型。抓住时间、空间、污染物类型三对号,上可溯源,下可评估水质变化,也是打开水污染防治规划决策大门的"敲门砖"。

问题在于,人们习惯于把一条河流的某项水质指标年均值、分水期值、类别值、超标倍数值、超标项目名称等数据全部输入程序,而不是先进行三对号分析,在需要统计时，按需要人工或用机器完成分析。

对于时间对号，在规划过程中应坚决废止年均值（国家标准不允许年平均，水污染防治规划则不需要年均值），因为规划只要分水期值。相同点源排放量，在流量显著不同的丰水期、平水期、枯水期产生的水质响应大为不同，治理对策也有差异。年平均水质评价脱离了水文规律。这就是为什么松花江、辽河呼吁重视枯水冰封特征，而海河要考虑枯水期断流条件的水污染防治对策。

对于空间对号，抓国控断面当然正确，但是包括国控断面在内，科学布设流域水质控制断面本身就是规划任务之一。同时，规划目标的监管也需要在规划中完善控制断面的布设。滚动改进是对规划的基本要求。所以，在"怎样过控制断面这道坎"的讨论中，重点阐述了"全、细、准"的要求，就是为挖掘现有控制断面水质、水文、执法监测数据项的潜力，形成一套灵活机动的监测断面系统，以便适应不断变化的外部条件。

对于污染物类型对号，大多对号是总量控制项目，需要考核 COD、NH_3-N、总氮和总磷。但是真要做水污染防治规划，这些信息就不够了。有机黑臭型污染，水质评价指标首选综合指标溶解氧，这是因为溶解氧能够削减 COD 和 NH_3-N。在松花江流域总结出的冰封期全线溶解氧回升，重现生命之河的迹象，就是沿用国际通行指标进行的有效评估。富营养化型，则是总氮、总磷、叶绿素 a、透明度 4 项指标结合有机污染物排放进行的综合评价，对总氮的组分比例进行分析是找到切实可行的防治对策的关键。对于有毒有害型，不需要水质评价，需要的是溯源追踪，将污染消灭在源头。因为在水环境中，有毒有害物质没有容量空间，也不设允许排放总量限值。

4.8　关于规划编制大纲的基本要求

规划编制大纲，不是规划文本编写提纲，而是编制规划的技术要求与工作方案融为一体的大纲。制定规划编制大纲的目的在于统一流域规划编制工作的行动步伐，明确部门和地方分担任务的接口，用大纲反映本流域规划的多层次、全方位特征，在充分表现亮点、特色、创新的同时，还应有共同的基本要求，作为合格评价的依据。需考虑以下 8 个方面：

（1）规划编制大纲是否反映了地方政府意见，并有地方专家共同参与编制。这一条考核重视从规划起始即依靠地方政府，提高规划宏观指导作用。从编写内容和编写过程的介绍中，可以找到判断的依据。

（2）规划总体目标、任务是否清楚。规划大纲对本流域"十二五"规划编制的总体把握，包括指导思想、编制原则、总体思路、规划目标、规划指标、主要任务、控制区、控制单元系统等，都是本流域社会经济、自然地理、治污形势综合分析后的重要结论，反映了本流域"十二五"治污的政府意志和科学决策。

（3）要求收集的资料，能否支持"十一五"治污进展评价和"十二五"治污规划编制。完整、系统、准确地收集资料，是科学制定规划的基础。开列应收集的资料清单，实际上是一种思维梳理。"十一五"评估，从质量、总量、项目、投资、机制五方面评估，要明确每一方面资料的收集要求。"十二五"治污压力，从社会经济发展、公众环境质量、自然条件变化等方面提要求，以便广泛占有流域发展情势方面的资料。"十二五"治污规划，需要从流域、区域两个层次收集支撑数据，从对数据收集的要求可以看出对两个层次规划的战略把握。

（4）优先控制单元是否定位清楚、目标明确。优先控制单元选择一定是多方抉择后的产物。要考虑每一个优先控制单元解决环境问题的迫切性、解决问题的可行性、地方政府实现目标的可达性。要针对每一个优先控制单元的治污目标，规定资料收集、方案制定、优化决策、效益评估、行政决定等项工作的技术要求，同时提出各部门专家给予技术支撑的需求。

（5）流域骨干项目汇总范围是否全面，资金渠道是否清晰。按照流域规划任务分类要求，进行优先控制单元和非优先控制单元的项目汇总，形成"十二五"规划的骨干工程。除了本流域特色工程之外，各流域都可以有的工程项目类型，例如饮用水水源地安全保障工程，工业污染源及园区清洁生产工程，污水处理与垃圾处理工程，农村面源控制工程，水质监测、监视、预警系统工程，水生态恢复工程，水资源、水环境综合管理工程等。在这些类别工程的名目下，不仅要包括执行标准、处理工艺、进出水浓度和水量、污染物削减量、污染物排放量、排水量、排污去向等数据，还要包括纳入国家其他有关专项规划取得投资、"十一五"规划延续项目继续争取投资等要求，以利于分析投资渠道。

（6）评价规划目标能否实现，方法是否科学、可行。在项目层次汇总之后，要进行流域规划目标实现情况的总评估。由于流域规划的最终目标是保证断面水质达标，规划中规定的各项任务、各类工程最终效果都以水质达标考核为目标，这是最重要的评估。大纲必须从流域水污染控制的流域特征出发，如环境容量分布、污染源具体分布特征；对于需要进行水质模拟的河段，规定水质断面执行标准、模拟水期、设计流量、水质因子、模型选择、参数识别等。对需要进行社会、经济效益评估的河段，则规定评价基线和评价结论表达方法。

（7）有关规划实施的各项前期准备是否符合实际。规划实施是提高规划有效性的关键，也是难点，大纲中对监测系统与监督系统建设、机制创新与政策建议、地方行政首长目标责任制、融资政策、收费政策、公众参与政策等都可提出建议，并提出开展多项前期准备工作的要求，这些要求将成为规划编制与规划实施无缝连接的桥梁，表达出规划编制人员对规划落实和监督环节进行改进的想法。

（8）参与规划的人员是否能读懂大纲和了解自身任务。这是唯一一条要听取各方意见后才能做出判断的标准。一个多方征求意见、可供操作的、掌握流域自身治污规律的大纲，会在指导规划编制工作中显现作用。

4.9　关于规划实施过程中的科学考核

4.9.1　考核因子综合达标率

4.9.1.1　指标定义及计算公式

考核因子，是指按照重点流域水污染防治专项规划要求确定的《地表水环境质量标准》（GB 3838—2002）中除水温、粪大肠菌群以外的 22 项指标，分别为 pH、溶解氧、高锰酸盐指数、生化需氧量、氨氮、总磷、总氮、石油类、挥发酚、汞、铅、化学需氧量、铜、锌、氟化物、硒、砷、镉、铬（六价）、氰化物、阴离子表面活性剂、硫化物，其中太湖、巢湖、滇池考核总氮。

考核因子综合达标率，是指对考核断面的各项考核因子月平均监测数据进行评价，达到规划目标的断面个数占考核断面总数的百分比。

考核断面为《重点流域水污染防治规划（2011—2015 年）》涉及的规划断面，辽河流域考核断面见表 4-1。考核时段为全年。考核断面水质状况评价，采用人工监测值或水质自动监测站的周均值。新建成水质自动监测站，通过验收但运行未满 1 年，其数据暂不纳入考核范围。规划期五年内，2012 年、2013 年、2014 年和 2015 年单个断面考核因子达标率依次不低于 50%、60%、70% 和 80%，即视为该断面达标。

表 4-1　2015 年辽河流域考核断面

序号	考核省份	地市	水域	断面名称	水质目标	断面级别属性
1	内蒙古	赤峰	老哈河	东山湾	III	
2	内蒙古	赤峰	老哈河	大兴南	IV	
3	内蒙古	赤峰	西拉木伦河	大兴北	IV	
4	内蒙古	通辽	西辽河	白市	IV	省界（蒙吉）

序号	考核省份	地市	水域	断面名称	水质目标	断面级别属性
5	内蒙古	通辽	西辽河	二道河子	V	省界（蒙辽）
6	吉林	双辽	西辽河	王奔桥	IV	省界（吉蒙）
7	吉林	辽源	东辽河	河清	IV	
8	吉林	双辽	东辽河	四双大桥	IV	省界（吉辽）
9	吉林	四平	招苏台河	六家子	V	省界（吉辽）
10	吉林	四平	条子河	林　家	V（氨氮≤8 mg/L）	省界（吉辽）
11	辽宁	铁岭	招苏台河	通江口	V（氨氮≤5 mg/L）	
12	辽宁	铁岭	清河	清辽	IV	
13	辽宁	铁岭	汎河	黄河子	IV	
14	辽宁	铁岭站	辽河	朱尔山	IV（氨氮≤1.9 mg/L）	
15	辽宁	沈阳	辽河	红庙子	IV	
16	辽宁	盘锦	辽河	赵圈河	V	排海
17	辽宁	铁岭	辽河	双安桥	IV	生态指标考核断面
18	辽宁	沈阳	辽河	石佛寺坝下	IV	生态指标考核断面
19	辽宁	鞍山	辽河	大张桥	IV	生态指标考核断面
20	辽宁	抚顺	浑河	大伙房水库出口	II	
21	辽宁	抚顺	浑河	七间房	IV（氨氮≤2 mg/L）	
22	辽宁	沈阳	细河	于台	V（氨氮≤8 mg/L）	
23	辽宁	沈阳	浑河	于家房	V（氨氮≤4 mg/L）	
24	辽宁	本溪	太子河	兴安（本溪）	IV（氨氮≤2 mg/L）	
25	辽宁	辽阳	太子河	下口子	IV	
26	辽宁	鞍山	太子河	小姐庙	V（氨氮≤3 mg/L）	
27	辽宁	营口	大辽河	辽河公园	V	排海
28	辽宁	朝阳	大凌河	长宝渡口	V	
29	辽宁	阜新	西细河	高台子	IV（氨氮≤2 mg/L）	

第 i 项考核因子，单个断面达标率计算公式为：

$$G_{考核因子i} = \frac{N_{达标(考核因子i)}}{N_{监测(考核因子i)}} \times 100\%$$
（4-4）

式中，$G_{考核因子i}$ —— 考核因子 i 的水质达标率，%；

$\quad N_{达标(考核因子i)}$ —— 考核因子 i 的达标次数，次；

$\quad N_{监测(考核因子i)}$ —— 断面总监测次数，次；

$\quad i$ —— 1，2，…，21。

流域及区域考核断面第 i 项考核因子综合达标率计算公式为：

$$G_{综合(考核因子i)} = \frac{D_{达标(考核因子i)}}{D_{考核因子i}} \times 100\%$$
（4-5）

式中，$G_{综合(考核因子i)}$ —— 考核因子 i 的综合达标率，%；

$\quad D_{达标(考核因子i)}$ —— 考核因子 i 的达标断面数，个；

$\quad D_{考核因子i}$ —— 考核因子 i 的考核断面总数，个；

$\quad i$ —— 1，2，…，21。

4.9.1.2　计分方式

考核因子综合达标率计分 70 分。

（1）海河、辽河、松花江、三峡库区及其上游、黄河中上游流域考核因子的计分公式为：

$$S_q = \sum_{i=1}^{21} G_{综合(考核因子i)} \times W_{考核因子i}$$
（4-6）

式中，S_q —— 水质指标得分；

$\quad G_{综合(考核因子i)}$ —— 考核断面考核因子 i 的综合达标率，%；

$\quad W_{考核因子i}$ —— 考核因子的分值，高锰酸盐指数、化学需氧量、氨氮和总磷的分值分别为 15 分、15 分、15 分和 8 分；其他考核因子每项为 1 分；

$\quad i$ —— 1，2，…，21。

（2）太湖、巢湖和滇池流域考核因子的计分公式：

$$S_q = \sum_{i=1}^{22} G_{综合(考核因子i)} \times W_{考核因子i}$$
（4-7）

式中，S_q —— 水质指标得分；

$\quad G_{综合(考核因子i)}$ —— 考核断面考核因子 i 的综合达标率，%；

$W_{考核因子i}$——考核因子的分值，高锰酸盐指数、化学需氧量、氨氮、总氮和总磷的分值分别为 11 分、10 分、10 分、11 分和 11 分；其他考核因子每项为 1 分；

i——1，2，…，22。

4.9.1.3　操作解释

（1）数据由环保、水利部门提供。

（2）流域水资源保护机构将其监测的跨省界水质监测断面数据报送环境保护部和水利部，作为考核的重要依据之一。

（3）考核断面连续断流 6 个月以上即视为达标。

（4）对结果不达标的涉及左右岸的跨省界考核断面，每个省分别按不达标断面处理。

4.9.2　项目完成率

4.9.2.1　指标定义

项目完成率是指各专项规划中项目的进展情况，分为已完成、调试、在建、前期、未启动 5 个层次。

4.9.2.2　计分方式

项目完成率计为 30 分。已完成项目、调试项目、在建项目、前期项目和未启动项目分值系数分别为 1、0.75、0.5、0.25 和 0。

计分公式：

$$S_r = \frac{N_r}{N_p} \times 1 \times 30 \qquad (4\text{-}8)$$

式中，S_r——已完成项目得分；

　　　N_r——建成投入运行的项目个数，个；

　　　N_p——规划项目总数，个。

$$S_d = \frac{N_d}{N_p} \times 0.75 \times 30 \qquad (4\text{-}9)$$

式中，S_d——调试项目得分；

　　　N_d——建成调试阶段的项目个数，个；

　　　N_p——规划项目总数，个。

$$S_b = \frac{N_b}{N_p} \times 0.5 \times 30 \qquad (4\text{-}10)$$

式中，S_b —— 在建项目得分；

　　　N_b —— 在建的项目个数，个；

　　　N_p —— 规划项目总数，个。

$$S_e = \frac{N_e}{N_p} \times 0.25 \times 30 \qquad (4\text{-}11)$$

式中，S_e —— 前期项目得分；

　　　N_e —— 前期项目个数，个；

　　　N_p —— 规划项目总数，个。

本项指标得分计算公式为：

$$S_i = S_r + S_d + S_b + S_e \qquad (4\text{-}12)$$

式中，S_i —— 本项指标得分；

　　　S_r —— 已完成项目得分；

　　　S_d —— 调试项目得分；

　　　S_b —— 在建项目得分；

　　　S_e —— 前期项目得分。

4.9.2.3　操作解释

数据及项目认可文件由环境保护、住房和城乡建设、发展和改革委员会等部门提供。

（1）已完成项目需出具有关部门的认可文件或准许使用文件及备案材料。其中，工业污染防治、饮用水水源地污染防治、区域水环境综合治理、畜禽养殖污染防治项目，以环保部门或相关行政主管部门的验收报告或认可文件作为项目完成的依据。城镇污水处理及配套设施项目，以建设单位竣工验收报告、住房和城乡建设部门和有关部门出具的认可文件或者准许使用文件并报建设行政主管部门备案为项目完成的依据。

住房和城乡建设部门的认可文件是指：住房和城乡建设部门根据《全国城镇污水处理信息系统》《全国城镇生活垃圾处理信息系统》中记录的该项目动态进展情况所出具的认可文件。

（2）调试项目需出具试运行申请及批复文件、调试监测资料等。

（3）在建项目需出具开工许可证明、施工合同或施工设计图纸等证明材料。

（4）前期项目需出具发展和改革委的立项文件、环评报告书（表）及批文、（预）可研报告及批文、初设报告及批文等。

（5）关闭、破产、长期停产的项目，项目进展情况视为已完成的，需出具认可文件。其中，关闭项目需出具政府文件、政府会议纪要、图片资料等；破产项目，需出具当地法院破产裁定书等认定材料、图片资料等；长期停产项目，需出具县级以上工商、税务或环保等行政主管部门的认可文件。

4.9.3　扣分与加分项

4.9.3.1　扣分项

（1）考核断面每月重金属监测浓度，每发生一例汞、镉、铬、铅、砷等任意一项重金属因子超标水质为劣 V 类，扣减责任方 4 分。

（2）每发生一例水污染突发环境事件，按照环境保护部确定的事件等级，对特别重大（Ⅰ级）和重大（Ⅱ级）环境事件，分别依次扣减责任方 10 分和 8 分。因违法排污导致邻省跨省界断面水质发生重大改变的，但不属于重特大突发环境事件的，酌情扣减责任方 2～6 分。

（3）按考核因子评价结果，单个断面的超标因子个数多于 5 个（含 5 个），每个断面扣减责任方 6 分。

（4）现场及日常核查中，如果发现国家重点监控企业、已完成项目运行不正常、违法排污或与自查报告不符等情况，每发现一例扣减 1 分。

4.9.3.2　加分项

建议将水专项纳入重点流域考核。考核主要对水专项中流域治理综合示范项目和技术应用类项目进行考核。若示范项目的治理目标与《重点流域水污染防治"十二五"规划》目标一致或高于规划目标，且示范项目按时或提前实现治理目标，则视情况加 1～5 分；若技术应用类项目达到推广阶段，则视推广情况加 1～5 分。

第 5 章 《规划》目标和指标体系研究

5.1 总体目标

以水环境质量改善为核心，加大主要污染物总量削减力度，突出重点区域和重点领域，确保到"十二五"末主要污染物排放总量持续削减，饮用水水源地水质稳定达到环境功能要求，辽河水系干流全面消灭劣Ⅴ类水质，基本达到Ⅳ类以上水质，重点水域（辽河保护区）水生态显著恢复，浑太水系干流水质控制在轻度污染水平，支流河水水质明显改善，流域水污染治理水平及水环境管理水平显著提高。

5.2 流域目标

（1）水质目标。30 个水质规划考核断面中，水质达到Ⅱ类的断面 1 个，达到Ⅲ类的断面 1 个，达到Ⅳ类的断面 13 个，达到Ⅴ类的断面 10 个，扣除氨氮后可达Ⅴ类的断面 5 个。辽河水系和浑太水系干流水功能区水质达标率达到 30%以上，见表 5-1。

（2）水生态恢复目标。3 个水生态规划考核断面综合评估，水质达到Ⅳ类以上，辽河干流（辽河保护区）水生态得到显著恢复，鱼类多样性显著提高至 30 种以上；辽河干流湿地网生态系统全面恢复，湿地鸟类多样性显著提高至 30 种以上，见表 5-2 和表 5-3。

（3）总量目标。流域内各控制区按 2010 年基准年，总量（工业＋生活）削减目标为：内蒙古控制区 COD 削减 12.6%、氨氮削减 21.2%；吉林控制区 COD 削减 8.9%、氨氮削减 10.8%；辽宁控制区 COD 削减 12.4%、氨氮削减 13.7%。流域综合总量削减目标为 COD 削减 12.1%、氨氮削减 14.6%，见表 5-4。

表 5-1　规划断面水质目标

控制区	控制单元	类别	水体	水功能区	控制断面	水质现状	水质目标	备注	水功能区目标
内蒙古	老哈河赤峰控制单元	优先	老哈河	老哈河辽蒙缓冲区	东山湾	III	III	国控	III
	老哈河下游控制单元	一般	老哈河	老哈河奈曼农业用水区	大兴南	V	IV	—	IV
	西拉木伦河赤峰控制单元	一般	西拉木伦河	西拉木伦河农业用水区	大兴北(海日苏)	IV	IV	国控	IV
	西辽河通辽控制单元	一般	西辽河	西辽河蒙吉缓冲区	白市	—	IV	省界(蒙吉)	IV
			西辽河	西辽河蒙辽缓冲区	二道河子	V	V	省界(蒙辽)	III
吉林	西辽河双辽控制单元	一般	西辽河	双辽市农业用水区	王奔桥	—	IV	省界(吉蒙)	III
	东辽河辽源控制单元	优先	东辽河	东辽县农业用水区	河清	劣V	IV	—	V
	东辽河四平控制单元	优先	东辽河	东辽河吉蒙辽缓冲区	四双大桥	IV	IV	国控、省界(吉辽)	III
	招苏台河及条子河跨省界控制单元	优先	招苏台河	招苏台河吉辽缓冲区	六家子	劣V	V	国控、省界(吉辽)	V
			条子河	条子河吉辽缓冲区	林家	劣V(氨氮≥16 mg/L)	V(氨氮≤8 mg/L)	国控、省界(吉辽)	V
辽宁	辽河铁岭控制单元	优先	招苏台河	黄酒馆农业用水区	通江口	劣V(氨氮≥10 mg/L)	V(氨氮≤5 mg/L)	国控	III
			清河	富强过渡区	清辽	V	IV	国控	III
			汛河	汛河口饮用水水源区	黄河子	IV	IV	国控	III
			辽河	八天地饮用水水源区	朱尔山	V(氨氮≥1.9 mg/L)	IV(氨氮≤1.9 mg/L)	国控	III
	辽河沈阳控制单元	一般	辽河	小徐家坊子饮用水水源区	红庙子	V	IV	国控	III
	辽河盘锦控制单元	优先	辽河	双台子河河口保护区	赵圈河	劣V	V	国控、排海	III
	辽河保护区控制单元	优先	辽河	—	双安桥	V	IV	—	—
			辽河	—	石佛寺坝下	V	IV	—	—
			辽河	—	大张桥	V	IV	—	—

控制区	控制单元	类别	水体	水功能区	控制断面	水质现状	水质目标	备注	水功能区目标
辽宁	大伙房水库及其上游抚顺控制单元	优先	浑河	大伙房水库饮用水水源区	大伙房水库出口	II	II	国控	II
	浑河抚顺控制单元	优先	浑河	干河子拦河坝饮用水水源区	七间房	劣V（氨氮≥3 mg/L）	IV（氨氮≤2 mg/L）	—	III
	浑河沈阳控制单元	优先	细河	—	于台	劣V（氨氮≥12 mg/L）	V（氨氮≤8 mg/L）	国控	—
			浑河	七台子农业用水区	于家房	劣V（氨氮≥6 mg/L）	V（氨氮≤4 mg/L）	国控	V
	太子河本溪控制单元	优先	太子河	合金沟工业用水区	兴安（本溪）	V（氨氮≥2 mg/L）	IV（氨氮≤2 mg/L）	国控	IV
	太子河辽阳控制单元	优先	太子河	柳壕河大闸过渡区	下口子	IV	IV	国控	V
	太子河鞍山控制单元	优先	太子河	二台子农业用水区	小姐庙	劣V（氨氮≤5 mg/L）	V（氨氮≤3 mg/L）	国控	V
	大辽河营口控制单元	优先	大辽河	大辽河缓冲区	辽河公园	劣V	V	国控、排海	IV
	大凌河朝阳控制单元	一般	大凌河	下嘎岔过渡区	长宝渡口	劣V	V	—	II
	大凌河阜新控制单元	一般	西细河	西河东高家屯农业用水区	高台子	劣V（氨氮≥6 mg/L）	IV（氨氮≤2 mg/L）	国控	III
	大凌河锦州控制单元	一般	大凌河	大凌河缓冲区	西八千	V（氨氮≥2 mg/L）	IV（氨氮≤2 mg/L）	排海	II

表 5-2 规划断面鱼类生物多样性恢复目标

序号	目	科	名称	状况
1	鲑形目	银鱼科	有明银鱼	现有
2	鲤形目	鲤科	宽鳍鱲	待恢复
3	鲤形目	鲤科	洛氏鱎	待恢复
4	鲤形目	鲤科	东北雅罗鱼	待恢复
5	鲤形目	鲤科	马口鱼	待恢复
6	鲤形目	鲤科	赤眼鳟	待恢复

序号	目	科	名称	状况
7	鲤形目	鲤科	彩鳑鲏	现有
8	鲤形目	鲤科	条纹似白鮈	待恢复
9	鲤形目	鲤科	麦穗鱼	待恢复
10	鲤形目	鲤科	银色银鮈	现有
11	鲤形目	鲤科	似鮈	待恢复
12	鲤形目	鲤科	棒花鱼	待恢复
13	鲤形目	鲤科	辽宁棒花	待恢复
14	鲤形目	鲤科	长蛇鮈	待恢复
15	鲤形目	鲤科	餐条	现有
16	鲤形目	鲤科	鲤	待恢复
17	鲤形目	鲤科	青鱼	待恢复
18	鲤形目	鲤科	草鱼	待恢复
19	鲤形目	鲤科	鲢	待恢复
20	鲤形目	鲤科	鲫鱼	现有
21	鲤形目	鳅科	北方条鳅	待恢复
22	鲤形目	鳅科	纵纹北鳅	待恢复
23	鲤形目	鳅科	北方花鳅	待恢复
24	鲤形目	鳅科	北方泥鳅	现有
25	鲶形目	鮠科	黄颡	现有
26	鲶形目	鲶科	鲶	待恢复
27	鲶形目	鲶科	怀头鲶	现有
28	鲈形目	塘鳢科	沙塘鳢	现有
29	鲈形目	塘鳢科	黄鱼幼	待恢复
30	鲈形目	鰕虎鱼科	褐节鰕虎鱼	待恢复

表 5-3 规划断面鸟类生物多样性恢复目标

序号	目	科	名称
1	雁形目	鸭科	大天鹅
2	雁形目	鸭科	小天鹅
3	雁形目	鸭科	鸿雁
4	雁形目	鸭科	绿翅鸭

序号	目	科	名称
5	雁形目	鸭科	绿头鸭
6	雁形目	鸭科	赤麻鸭
7	雁形目	鸭科	斑嘴鸭
8	雀形目	伯劳科	棕背伯劳
9	雀形目	伯劳科	灰伯劳
10	雀形目	鸦科	灰喜鹊
11	雀形目	鸦科	喜鹊
12	雀形目	鸦科	小嘴乌鸦
13	雀形目	雀科	黑尾蜡嘴雀
14	雀形目	雀科	锡嘴雀
15	雀形目	雀科	长尾雀
16	雀形目	鹀科	黄喉鹀
17	雀形目	鹀科	三道眉草鹀
18	雀形目	鹡鸰科	白鹡鸰
19	雀形目	鹡鸰科	灰鹡鸰
20	雀形目	鹡鸰科	黄鹡鸰
21	鹤形目	鹤科	灰鹤
22	鹤形目	鹤科	白鹤
23	鸻形目	鸥科	海鸥
24	鸻形目	鸥科	银鸥
25	鸻形目	鸥科	黑嘴鸥
26	鹳形目	鹭科	草鹭
27	鹳形目	鹭科	苍鹭
28	鹳形目	鹭科	大白鹭
29	鹳形目	鹳科	东方白鹳
30	鸡形目	雉科	环颈雉

表 5-4 控制单元总量目标

控制区	控制单元	类别	COD 排放量/万 t			氨氮排放量/万 t		
			2010 年	2015 年	削减率/%	2010 年	2015 年	削减率/%
内蒙古控制区	老哈河赤峰控制单元	优先	1.260	1.088	13.7	0.354	0.315	11.0
	老哈河下游控制单元	一般	0.088	0.081	8.5	0.017	0.015	11.1
	西拉木伦河赤峰控制单元	一般	0.452	0.413	8.5	0.095	0.085	11.0
	西辽河通辽控制单元	一般	3.168	2.761	12.9	0.499	0.346	30.7

控制区	控制单元	类别	COD 排放量/万 t			氨氮排放量/万 t		
			2010 年	2015 年	削减率/%	2010 年	2015 年	削减率/%
吉林控制区	西辽河双辽控制单元	一般	0.131	0.120	8.9	0.018	0.016	10.8
	东辽河辽源控制单元	优先	0.927	0.844	8.9	0.141	0.125	10.8
	东辽河四平控制单元	优先	0.870	0.792	8.9	0.110	0.099	10.8
	招苏台河及条子河跨省界控制单元	优先	1.182	1.077	8.9	0.206	0.184	10.8
辽宁控制区	辽河铁岭控制单元	优先	2.720	2.383	12.4	0.473	0.408	13.7
	辽河沈阳控制单元	一般	1.189	1.042	12.4	0.258	0.223	13.7
	辽河盘锦控制单元	优先	2.734	2.395	12.4	0.345	0.297	13.7
	辽河保护区控制单元	优先	—	—	—	—	—	—
	大伙房水库及其上游抚顺控制单元	优先	0.269	0.236	12.4	0.060	0.052	13.7
	浑河抚顺控制单元	优先	1.064	0.932	12.4	0.372	0.321	13.7
	浑河沈阳控制单元	优先	3.862	3.383	12.4	1.231	1.063	13.7
	太子河本溪控制单元	优先	2.723	2.386	12.4	0.274	0.236	13.7
	太子河辽阳控制单元	优先	1.360	1.192	12.4	0.240	0.207	13.7
	太子河鞍山控制单元	优先	5.162	4.522	12.4	0.788	0.680	13.7
	大辽河营口控制单元	优先	3.580	3.136	12.4	0.420	0.363	13.7
	大凌河朝阳控制单元	一般	1.999	1.751	12.4	0.250	0.216	13.7
	大凌河阜新控制单元	一般	1.815	1.590	12.4	0.233	0.201	13.7
	大凌河锦州控制单元	一般	2.363	2.070	12.4	0.391	0.337	13.7
合计			38.918	34.192	12.1	6.774	5.787	14.6

5.3 优先控制单元目标

（1）水质目标。14 个优先控制单元的 21 个水质规划断面中，水质达到Ⅱ类的断面有 1 个，水质达到Ⅲ类的断面有 1 个，水质达到Ⅳ类的断面有 8 个，水质达到Ⅴ类的断面有 6 个，扣除氨氮可达Ⅴ类的断面有 5 个。优先控制单元水功能区水质达标率达到 50%以上。

（2）水生态恢复目标。河滨带植被覆盖率不低于 90%；河流湿地面积增加到 160 万 hm^2，形成健康的湿地生态系统；辽河保护区控制单元 3 个水生态规划断面综合评估生物多样性显著恢复（辽河干流及主要支流"河河有鱼"，保护区鱼类种类从目前 9 种恢复到 30 种以上，河道湿地鸟类种类达到 30 种以上）。

5.4 规划指标体系

（1）水质指标。按照《地表水环境质量标准》（GB 3838—2002）表 1 中的 21 项指标（不包括水温、总氮、粪大肠菌群）进行监测、考核。

（2）水生态恢复指标。辽河流域水生态恢复控制指标为河滨带面积、湿地面积、鱼类多样性、河道、湿地鸟类多样性。

（3）总量控制指标。辽河流域性总量控制指标为 COD 和氨氮。

第6章 优先控制单元治污方案研究

基于优先控制单元的筛选结果，识别了14个优先控制单元的问题，确定了治污目标和思路，提出了单元综合治理方案。

6.1 老哈河赤峰控制单元

老哈河赤峰控制单元主要包括赤峰市城区（松山区、红山区）、元宝山区、喀喇沁旗、宁城县等区（旗、县），控制单元内断面主要为甸子、东八家、山嘴子、平双桥、小南荒和东山湾等（图6-1）。

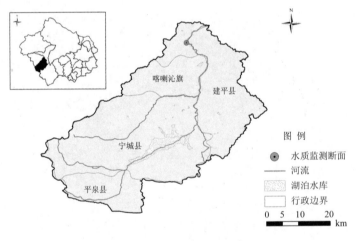

图6-1 老哈河赤峰控制单元

6.1.1 问题识别

老哈河赤峰控制单元属于赤峰市城区周边旗县的集中排污河段，污水收集率较低，部分直排生活污水对英金河水环境造成了严重污染。甸子和东八家断面在2007年、2008年超标现象较严重，随着环保治理手段的加强，主要污染物污染程度有所降低，水质得到改善。甸子断面变化最为明显，2009—2010年基本稳定在Ⅱ类水质标准，水质良好。

东八家断面是控制单元主要排污断面，近两年稳定在Ⅳ类水质标准，由于其单元内两个污水处理厂设计较早，工艺落后，污染物排放标准只能达到设计标准，而达不到国家新规定的标准，导致水质略差。

主要问题为：① 水资源匮乏；② 污水处理设施标准低，工艺落后；③ 中水回用工程及配套设施不足，中水回用水平较低；④ 污水处理厂未配套建设污泥处理处置设施，并对环境产生二次污染；⑤ 城镇污水管网覆盖率不高，导致部分已建成的污水处理厂负荷率低；⑥ 环境监管能力不足。

6.1.2　治污目标

（1）甸子断面水质均达到Ⅱ类，东八家、小南荒和东山湾断面水质均达到Ⅲ类（21项目评价指标）；

（2）集中式饮用水水源地水质达标率 100%，城镇污水处理率不低于 85%，工业用水重复利用率不低于 97.5%，污水再生利用率达到 40%；

（3）按 2010 年基数，COD 总量削减 13.7%，氨氮总量削减 11.0%。

6.1.3　综合治理方案

（1）全面提高污水设施处理水平，加强污泥处理设施建设。针对内蒙古西辽河流域污水处理厂建设覆盖程度较高，但污水处理设施标准低、工艺落后的特点，"十二五"期间应加大污水处理设施的改造，改进工艺，提高处理标准，并加大配套管网建设和污泥处理设施的力度。

（2）加大再生水回用工程建设力度，提升再生水回用能力。"十二五"期间深度挖掘再生水用户，有针对性地加大再生水厂及配套工程建设，提高区域分质供水能力，缓解水资源压力。

（3）加强流域监管能力建设工作。"十二五"期间，以赤峰市、通辽市、红山区等地区为重点全面加强能力建设。宣教、在线、固废、辐射、信息等环保能力达到相关标准化建设要求。

6.1.4　目标可达性分析

控制单元水质目标见表 6-1。

表 6-1　控制单元水质目标情况

断面名称	2010 年水质类别	规划水质目标	2010 年 COD 排放量/t	2010 年氨氮排放量/t	2015 年 COD 削减目标	2015 年氨氮削减目标
东山湾	Ⅲ	Ⅲ	12 600	3 540	13.7%	11%

6.2 东辽河辽源控制单元

东辽河辽源控制单元主要包括辽源市区（龙山区、西安区）及东辽县（白泉镇），控制单元内断面主要为辽河源、拦河闸、气象站及河清 4 个国控、省控断面（图 6-2）。

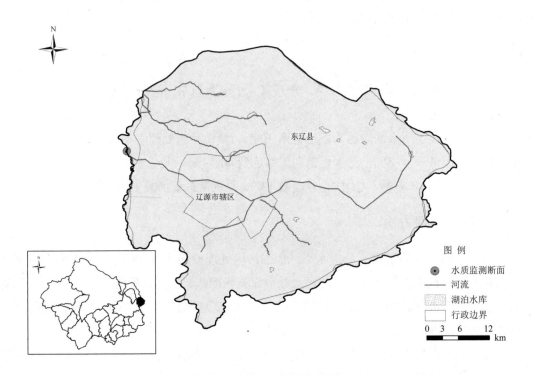

图 6-2 东辽河辽源控制单元

6.2.1 问题识别

本单元主要城市为辽源市区和东辽县，位于四平市二龙山水库的上游，地处长白山区向松辽平原的过渡地带，是东辽河的源头区，境内低山环绕，丘陵起伏，属低山丘陵区。本区内的主导产业为纺织、食品等，生态农业开始起步，农业产业化经营步伐正在加快，农村经济发展新增污染压力较大。

主要问题为：①水质有所改善，但整体达标率低；②河道径流量小，自净能力弱；③产业结构不尽合理；④污水处理设施落后，出水标准低；⑤规模化养殖场（小区）较多，养殖业污染较重。

6.2.2　治污目标

（1）东辽河上游基本消除劣 V 类水质，境内城市断面（拦河闸）水质达到Ⅲ类水质要求，出境规划断面（河清）水质达到Ⅳ类水质要求；

（2）全力确保杨木水库等集中式饮用水水源地水质安全，确保水质达标率达到 100%；

（3）农村面源污染得到有效治理；

（4）按 2010 年基数，COD 总量削减 8.9%，氨氮总量削减 10.8%。

6.2.3　综合治理方案

（1）适当调整产业结构，加强工业点源污染防治。加强单元内不符合产业政策的小型企业淘汰力度，合理调整农副产品加工产业链条。推行排污许可证制度，按照区域环境容量，严格控制各企业污染物排放总量。大力推行清洁生产和发展循环经济，继续对市重点排放污水企业开展清洁生产审核工作。

（2）加强城镇生活污水处理及再生水设施建设。加快城市污水处理与再生水设施建设，增加污水处理能力，完善污水处理厂配套管网，提高城市污水集中处理率，提高污水处理厂出水水质要求。

（3）加强畜禽养殖污染治理和管理。开展水土流失综合治理，加强规模化畜禽养殖粪便综合治理与管理。

6.2.4　目标可达性分析

通过控制单元出入境断面的水文、水质资料及排污口资料（废水排放量及污染物浓度）、支流资料（支流水量及污染物浓度）、污染源资料（排污量、排污去向与排放方式）及预测资料以及地形资料等数据，选取一维水质模型，在水质达标情况下，测算出东辽河上游辽源控制单元 COD 允许入河量为 1 217 t，氨氮允许入河量为 53.4 t，全部水污染防治项目实施后，可削减 COD 约 5 273 t，氨氮约 320 t。到 2015 年，入河 COD 排放量可控制到约 9 102.1 t，氨氮排放量可控制到 1 237 t 左右，超过最大允许排放量。但是，除了重点项目外，还有一些规划外的建设项目对污染物的削减仍会有很大贡献，对水质改善也会起到较大作用。因此，只要规划项目全部按要求实施并加强管理，河清监测断面的水质可以达到Ⅳ类目标。

6.3 东辽河四平控制单元

东辽河四平控制单元主要包括公主岭市、双辽市（部分）及伊通县（大孤山镇、小孤山镇、靠山镇），控制单元内断面主要为城子上、周家河口及四双大桥等4个国控、省控断面（图6-3）。

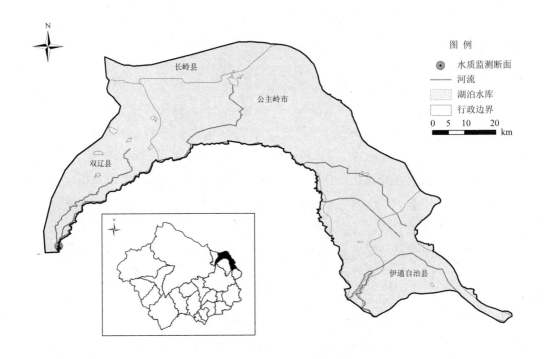

图6-3 东辽河四平控制单元

6.3.1 问题识别

本单元包括四平市的公主岭市及伊通县的部分乡镇。公主岭市是国家大型商品粮基地。区域内以农村面源污染为主，需加强集中式饮用水水源地污染防控工作。行业污染主要来源于食品加工行业。

主要问题为：① 东辽河干流水质有所改善，但不能稳定达标；② 农村面源污染较重，畜禽养殖污染治理难度大；③ 城镇污水处理设施落后。

6.3.2　治污目标

（1）境内省控断面（城子上、周家河口）水质达到 V 类水质要求，重金属污染因子达到 Ⅲ 类水质要求，出境国控断面（四双大桥）水质达到 Ⅳ 类水质要求；

（2）农村面源污染得到有效治理；

（3）按 2010 年基数，COD 总量削减 8.9%，氨氮总量削减 10.8%。

6.3.3　综合治理方案

（1）加强农村面源污染治理和管理。结合生态镇、生态村建设，加强农村生活污染、规模化畜禽养殖等农村面源污染治理。建立农村生活污水收集处理系统，逐步完善生活垃圾收集处理系统。重点实施河流沿岸对水质影响较大的乡镇、村屯的生活污水、生活垃圾及畜禽粪便的综合治理。

（2）加强城镇污水处理及再生水设施建设。加快城市污水处理与再生水设施建设，增加污水处理能力。加快污水收集管网建设，推行雨污分流收集管道系统，新建配套收集管网，提高城镇污水管网覆盖率、收集率，增加污水处理设施负荷率。

（3）积极推进清洁生产，加强工业点源污染防治。积极推进食品加工业清洁生产，由源头削减污染物排放量。同时，加强大型玉米深加工企业污染防治，大幅度提高中水回用量。

6.3.4　目标可达性分析

通过控制单元出入境断面的水文、水质及排污口资料（废水排放量及污染物浓度）、支流资料（支流水量及污染物浓度）、污染源资料（排污量、排污去向与排放方式）及预测废水排放量等数据，选取河流一维水质模型，建立污染源与水质目标之间的响应关系。

东辽河下游控制单元在水质目标保证的情况下，经过模拟测算，COD 最大允许入河量为 1 701 t，氨氮最大允许入河量为 64 t，在全部水污染防治项目实施后，本单元入河 COD 排放量可控制在 6 850 t 左右，氨氮排放量可控制在 620 t 左右，大于该控制单元内四双大桥控制断面 COD、氨氮达到 Ⅳ 类水质目标时的允许排放量。因此，水质目标全面稳定达标存在一定难度，还需要加大管理力度。

6.4　招苏台河及条子河跨省界控制单元

招苏台河及条子河跨省界控制单元主要包括招苏台河和条子河，均为跨省界河流。条子河主要控制城镇为四平市区（铁东区、铁西区），控制单元内主要为汇合口和林家等

2 个国控、省控断面；招苏台河控制城镇为梨树县，控制单元内主要为四台子、新立屯和六家子 3 个国控、省控断面（图 6-4）。

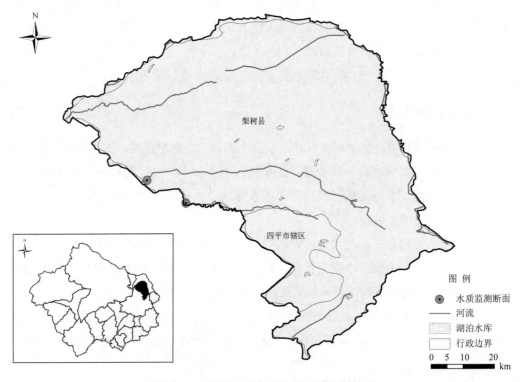

图 6-4　招苏台河及条子河跨省界控制单元

6.4.1　问题识别

该控制单元是流域内面积最小的单元，但人口密度较大。区内水资源严重短缺，生活饮用水资源量不足。本区内的主导产业为造纸及纸制品业、粮食深加工业、化学原料及化学制品制造业等。

主要问题为：①河道径流量少，水体污染较重；②污水处理设施落后，出水标准低；③湖库呈现富营养化趋势，饮用水水源地受到威胁；④养殖业污染较重；⑤生活饮用水资源量不足。

6.4.2　治污目标

（1）条子河跨省界出境断面（林家）达到Ⅴ类（氨氮≤8 mg/L）水质要求。招苏台河跨省界出境断面（六家子）水质满足Ⅴ类水质要求；

（2）全力确保二龙山水库等集中式饮用水水源地水质安全，确保水质达标率达到100%；

（3）城镇污水处理厂出水水质达到《城镇污水处理厂污染物排放标准》（GB 18918—2002）一级 B 标准；

（4）城镇污水处理率达到 80% 以上；

（5）按 2010 年基数，COD 总量削减 8.9%，氨氮总量削减 10.8%。

6.4.3 综合治理方案

（1）加强污水处理厂升级改造及污水管网建设。加快污水处理厂建设，重点实施污水处理厂新建、扩建工程，对执行二级排放标准的污水处理厂进行升级改造，达到一级标准要求，增设污水回用设施，提高水资源利用率。加快污水收集管网新建和改造，提高城镇污水管网覆盖率、收集率，增加污水处理设施负荷率。

（2）适度调整产业结构，加强重点工业点源污染防治。调整产业结构，淘汰落后产能。按照国家产业结构调整，淘汰制浆造纸等重点行业落后产能。加强对重点工业点源污染防治，对重点企业的污水进一步深化治理。

（3）加强城镇基础设施建设和生态农业建设。加快城镇基础设施及生态农业建设，防治城市污水和农业面源对地下水的污染。健全饮用水水源安全预警制度，集中式饮用水水源地每年至少进行一次水质全分析监测，建立饮用水水质定期公告制度。

（4）加强水库水源地污染防治。加强水源地的面源污染控制，开展水库水源涵养林及库区生态环境保护与建设，实施库区及其周围退耕还林（草）和水土保持生态建设工程。建设生态隔离缓冲带，推行生态农业等措施；加强分散畜禽养殖的管理，严格限制饮用水水源地等环境敏感区域的畜禽养殖和水产养殖，对敏感区内的污染源进行关闭和迁移，并加强日常监测和执法检查。

（5）加强区域综合防治。加强沿岸生态恢复和涵养林建设。重点加强招苏台河源头涵养林建设，包括河岸营造护堤护岸林、水源涵养林、水土保持林等。加强对河流水质有较大影响的重点村屯的综合治理。重点对条子河、招苏台河沿岸村屯的生活污水、生活垃圾及畜禽养殖污染进行综合治理。

6.4.4 目标可达性分析

通过控制单元出入境断面的水文、水质及排污口资料（废水排放量及污染物浓度）、支流资料（支流水量及污染物浓度）、污染源资料（排污量、排污去向与排放方式）及预测废水排放量等数据，选取河流一维水质模型，建立污染源与水质目标之间的响应关系。

"十二五"期间，本单元规划条子河控制断面林家断面水质目标为 COD ≤ 60 mg/L，氨氮 ≤ 15 mg/L。水质 COD、氨氮浓度在控制目标的情况下，条子河通过模型测算的 COD

最大允许入河量为 3 400 t，氨氮允许最大入河量为 804.5 t。全部水污染防治项目实施后，到 2015 年，枯水期入河 COD 排放量可控制在 6 770.4 t，氨氮排放量可控制在 1 072.55 t，超过最大允许排放量的要求。因此，在枯水期的情况下，较难达到条子河林家监测断面水质 COD≤60 mg/L、氨氮≤15 mg/L 的目标要求。

招苏台河的控制断面六家子水质达到Ⅴ类时，根据模型测算招苏台河控制河段在最枯月情况下，COD 最大允许入河量为 598.56 t，氨氮最大允许入河量为 26.68 t，全部水污染防治项目实施后，到 2015 年，入河 COD 排放量可控制在 2 368 t，氨氮排放量可控制在 69.7 t，超过最大允许入河排放量。因此，在径流量较小的枯水期的情况下，实现六家子监测断面水质达到Ⅴ类难度较大。

6.5 辽河铁岭控制单元

辽河铁岭控制单元主要包括铁岭市区（清河区、银州区）、调兵山市、昌图县、开原市、铁岭县、西丰县及沈阳市的康平县和法库县（拉马河部分），控制单元内断面主要为通江口、清辽、黄河子及朱尔山等 15 个国控、省控断面（图 6-5）。

图 6-5 辽河铁岭控制单元

6.5.1　问题识别

辽河铁岭控制单元是辽宁省境内辽河流域的上游单元。内蒙古的西辽河,吉林的东辽河、条子河和招苏台河,在此单元汇入辽宁省界,形成辽河干流,上游入省来水直接影响到单元水质。铁岭市的产业发展以农业为主,沈阳经济区规划对铁岭市的发展定位是农产品加工基地。因此,农业、农村生活垃圾和畜禽养殖污染是本单元控制的重点。

主要问题为:①上游跨界来水水质较差;②农村面源污染较重,畜禽养殖污染治理难度大。

6.5.2　治污目标

(1)辽河铁岭段单元朱尔山断面达到Ⅳ类(氨氮≤2 mg/L)水质要求;

(2)支流河水质明显改善,重点支流招苏台河(通江口)断面达到Ⅴ类(氨氮≤2 mg/L)水质要求,清河(清辽)断面和汎河(黄河子)断面水质达到Ⅳ类水质要求;

(3)集中式饮用水水源地水质达标率≥100%;

(4)污水处理厂负荷率达到80%以上;城市中水回用率达到50%以上;

(5)按2010年基数,COD总量削减12.4%,氨氮总量削减13.7%。

6.5.3　综合治理方案

(1)加强城镇生活污水处理设施建设。针对生活污染较重的县城及重点镇,加强城镇生活污水处理设施建设以及升级改造工程,增加污水处理厂污水处理能力,进一步提高城市污水集中处理率。

(2)确保集中式饮用水水源地水质安全。开展柴河水库周边及上游环境综合整治项目,河段综合整治长6.4 km;建设家庭式沼气池600个,储粪池6个。对水源地二级保护区内的村进行环境综合整治。

(3)加强流域水环境综合整治。开展辽河铁岭城市段莲花湖湿地修复二期工程,对莲花湖湿地进行生态恢复;开展清河和汎河重点支流污染综合整治,包括点源、面源污染控制、村屯整治工程以及支流河道治理。

6.5.4　目标可达性分析

根据控制单元输入响应分析概化及水环境输入相应分析方法,辽河铁岭段控制单元规划目标可达性分析结果如下:

以朱尔山为单元考核断面,"十二五"期间单元内拟建污染治理项目22项(包括备选项目），COD 可预计削减量为 17 307 t，氨氮可预计削减量为 1 562 t。2010 年，朱尔山断面 COD 全面达到 V 类标准，氨氮枯水期为劣 V 类水质。基于水质现状与水质目标的指标浓度差异，采用最枯月 50%保证率的设计流量简单地估算，若朱尔山断面氨氮达到 V 类水质的规划目标，则需减少 446 t 氨氮污染负荷输入。单元内"十二五"新增污染治理项目的可预见削减量大于水质目标约束下所需的减排量。因此，辽河铁岭段朱尔山断面 COD 和氨氮可以达到规划水质目标。

招苏台河流域拟建污染治理项目 2 项，COD 预计削减量为 1 680 t，氨氮预计削减量为 168 t。2010 年，通江口断面 COD 已达到 V 类标准，氨氮枯水期为劣 V 类水质。基于水质现状与水质目标的指标浓度差异，采用最枯月 50%保证率的设计流量简单地估算，若通江口断面氨氮达到 8.5 mg/L 的规划目标，则需减少 152 t 氨氮污染负荷输入。招苏台河流域污染治理项目削减量大于水质目标约束下所需的减排量，招苏台河通江口断面 COD 和氨氮可以达到规划水质目标。

清河流域拟建污染治理项目 8 项，COD 可预计削减量为 3 672 t，氨氮可预计削减量为 391 t。2010 年，清辽断面 COD 全面达到 V 类标准，氨氮枯水期为劣 V 类水质。基于水质现状与水质目标的指标浓度差异，采用最枯月 50%保证率的设计流量简单地估算，若清辽断面氨氮达到 V 类水质的规划目标，则需减少 472 t 污染负荷输入。此外，加上清河流域点、面源污染控制及村屯整治工程、流域生态修复工程以及乡镇污水处理设施等治污项目的潜在削减量，清河流域污染治理项目削减量大于水质目标约束下所需的减排量，清河清辽断面 COD 和氨氮可以达到规划水质目标。

2010 年，汛河黄河子断面 COD 全面达到 IV 类标准，氨氮枯水期为 V 类标准。"十二五"期间汛河流域进行流域综合整治及莲花湖湿地扩建和生态恢复项目，汛河水质必然在现状基础上有所改善，可以达到规划水质目标。

6.6　辽河保护区优先控制单元

辽河干流保护区单元是 2010 年 3 月辽宁省政府划定的以河流为保护对象的省级保护区。同时，省政府设立了辽河保护区管理局。辽河保护区纵向范围从东辽河、西辽河汇合的福德店开始，到辽河入海口，纵贯辽宁中部地区，位于辽宁版图的中轴线，贯穿了辽西北、沈阳经济区和辽宁沿海经济带三大经济区域。干流河长 538 km，保护区面积约 19 万 hm^2（图 6-6）。

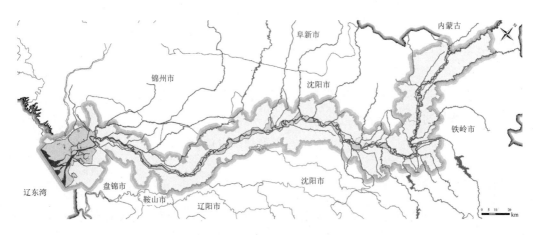

图 6-6　辽河保护区控制单元

6.6.1　问题识别

辽河保护区的具体保护对象包括水体、湿地和珍稀动植物，辽宁省政府提出了保护区的根本任务是"根治辽河，彻底恢复辽河生态，造福子孙后代"。辽河保护区治理和保护的核心是水生态建设，其目标是实现辽河物理、化学、生物完整性恢复。

主要问题为：① 资源开发过度，河道生态系统遭受严重破坏；② 水污染严重，水环境问题突出；③ 生态环境压力大，管理任务繁重；④ 河道治理具有长期性、复杂性、艰巨性，资金需求巨大。

6.6.2　生态恢复目标

（1）河流景观质量。建立完善的河流景观带，初步形成河道—河岸缓冲带—堤围生态保护带组成的水陆有机连接的健康河流生态系统，河滨带植被覆盖率不低于 90%；

（2）湿地功能恢复。河流湿地面积增加到 10.7 万 hm^2，形成健康的湿地生态系统，生态调节功能显著增强，为生物提供良好的栖息地；

（3）生物多样性恢复。辽河干流及主要支流"河河有鱼"，保护区鱼类种类恢复到 30种以上，河道湿地鸟类种类数达到 30 种以上；

（4）管理能力建设。建立起较为完善的保护区管理体系、监控体系和运行机制。

6.6.3　综合治理方案

辽河干流主要由两部分构成，即一条河（干流河道）和一块湿地（辽河口湿地），辽河干流的综合治理是实现干流河道与河口湿地的全面生态恢复。

（1）建设河岸带生态阻隔带，完善河滨生态系统，阻控外源污染；进行综合治理，修复辽河生态廊道功能；

（2）实施河道湿地恢复与建设工程，形成由不同规模、错落有致的湿地构成的具有自我修复功能的河流人工湿地生态系统；

（3）建设辽河保护区水环境及水生态监管基础设施。

6.6.4　目标可达性分析

辽河保护区生态廊道工程可以构建辽河干流生态廊道，形成一条河滨带植被覆盖率不低于 90%，上下游贯通、两岸植被葱郁、岸线平顺清晰、河道畅通、水清草绿的优美生态带；辽河保护区生态阻隔带工程可以削减入河面源污染 30%以上，减少水土流失；辽河保护区重要支流河口人工湿地建设项目可以保证入辽河干流水质 COD 降至 40 mg/L以下，氨氮降至 2 mg/L 以下。辽河保护区生态修复工程项目可以支撑辽河干流及主要支流"河河有鱼"，保护区鱼类种类恢复到 30 种以上，河道湿地鸟类种类数达到 30 种以上。河流湿地面积增加到 10.7 万 hm^2，形成健康的湿地生态系统，生态调节功能显著增强；辽河保护区污染阻控与水环境改善项目可以与农业面源阻控技术体系相结合，形成多级生态净化的生态修复网络，净化入河污染物，改善水环境。

通过实施辽河保护区生态恢复项目，可以有效地改善辽河保护区生态环境状况，维护辽河保护区湿地系统生态平衡，保护湿地功能和生物多样性，初步建成生态健康河流，实现人居环境与自然环境的协调。

6.7　辽河盘锦控制单元

辽河盘锦控制单元主要包括盘锦市区（双台子区、兴隆台区）、盘山县、大洼县（部分），鞍山市台安县，锦州市黑山县和北镇市。单元内控制断面主要包括盘锦兴安、曙光大桥和赵圈河 3 个国控、省控干流控制断面，以及小柳河、绕阳河等 6 个支流控制断面（图 6-7）。

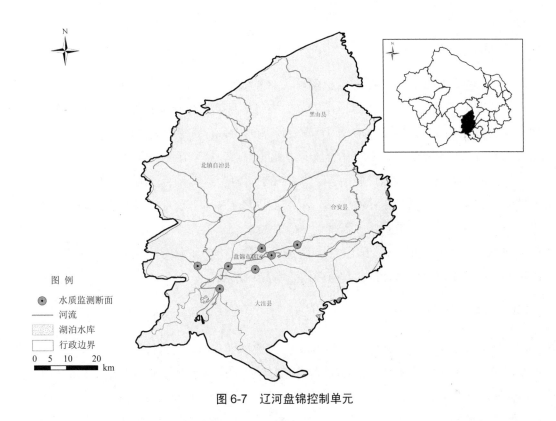

图 6-7　辽河盘锦控制单元

6.7.1　问题识别

2010 年，单元内各断面水质均为劣 V 类，主要污染因子为氨氮、石油类、高锰酸盐指数、化学需氧量及生化需氧量等。单元内污染主要来自于生活污水和工业废水排放，生活污水 COD 排放量占总排放量的一半以上，工业污水 COD 排放量从行业分布分析，主要集中在化学原料及化学品制造业、石油加工、石油和天然气开采业等行业。单元内支流河污染严重。

主要问题为：① 乡镇污水处理能力不足，部分已建污水处理厂出水标准低；② 支流河污染严重。

6.7.2　治污目标

（1）单元出境断面（赵圈河）水质达到 V 类水质要求；

（2）单元重点一级支流水质达到 V 类水质要求；

（3）城镇污水处理率达 85% 以上；

（4）按 2010 年基数，COD 总量削减 12.4%，氨氮总量削减 13.7%。

6.7.3　综合治理方案

（1）加强城镇生活污水处理设施建设。加强城镇污水处理基础设施建设和监管，保证污水处理厂正常运行且出水达标排放。加快包括盘锦市第一污水处理厂在内的污水处理基础设施升级改造，加强污水处理厂脱氮除磷能力。在完善规划污水管网建设的同时，加强已有污水管道系统维护，深化合流管道系统改造，提高污水收集率。

（2）加强流域水环境综合整治。重点开展单元内一级支流螃蟹沟、绕阳河、清水河、一统河等支流河综合整治。主要包括：继续推进污水截流、集中处置以及河流生态治理等工程，削减污染物排放量，实现规划断面Ⅴ类水质。

（3）加强工业源水污染防治。重点完成石油化工等行业高化学需氧量、高氨氮废水的污染治理，确保企业达标排放，有效改善单元内水质。

6.7.4　目标可达性分析

辽河盘锦段是辽河下游的入海感潮河段，以赵圈河作为单元考核断面。"十二五"期间单元拟建污染治理项目有31项，COD可预计削减量为8 384 t，氨氮可预计削减量为1 397 t。河口区河段缺少水文数据，无法建立输入响应关系，简单以2010年水质现状、排污现状及可预计削减量推测，2015年赵圈河断面高锰酸盐指数和氨氮可以达到规划水质目标。

6.8　大伙房水库及其上游抚顺控制单元

大伙房水库及其上游抚顺控制单元主要包括抚顺县、新宾县、清原县、大伙房水库，包括大伙房水库和浑河清源段、苏子河、社河三个重点控制支流。控制单元内断面主要为大伙房水库出口、北杂木、古楼、台沟4个国控、省控断面（图6-8）。

6.8.1　问题识别

大伙房水库位于抚顺市境内的浑河上游，承担沈阳、鞍山、等辽宁中部七城市2 000多万人的饮用水供水。单元总体水质现状较好，只有苏子河总磷超标80%；大伙房水库水质为Ⅲ～Ⅳ类，总磷超标80%～130%。大伙房水库主要面临面源污染、累积性风险和事故风险的多重威胁。污染主要来自畜禽养殖、农村生活、种植业以及大量矿山径流，存在氮磷累积性风险和尾矿库以及铜矿等企业的事故风险。

主要问题为：① 源头区水量不足，水土流失加剧；② 农村源污染排放突出；③ 重金属污染风险高。

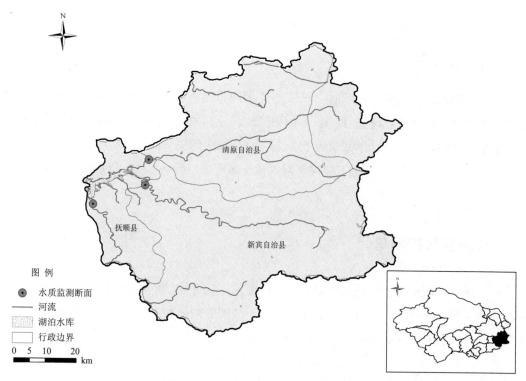

图 6-8 大伙房水库及其上游抚顺控制单元

6.8.2 治污目标

（1）出库断面水质达Ⅱ类；

（2）单元内规模化畜禽养殖场粪便综合利用率达 70%，粪尿污水达标排放率达 50%；

（3）城镇污水处理率达 85%；

（4）按 2010 年基数，COD 总量削减 12.4%，氨氮总量削减 13.7%。

6.8.3 综合治理方案

（1）加强环境基础设施建设及运营监管。加快乡镇污水处理厂建设，完善污水处理配套管网系统的同时，抓好已建环境基础设施的运营监管。

（2）加强工业源水污染防治。完成上游高风险矿区废水综合治理，实现中水回用。

（3）加强饮用水水源地污染防治。以农村环境连片整治为契机，推进畜禽粪便治理设施和生活污水处理系统的建设，削减流域内城镇和农村对大伙房水库的污染负荷输入，重点解决水库氮、磷超标问题，达到保护饮用水水源地的目的。

（4）加强大伙房水库风险防范与应急能力。针对大伙房水库上游尾矿库及铜矿事故性污染风险，初步建立大伙房水库环境风险防范与预警体系，开展环境应急能力建设。

6.8.4 目标可达性分析

以大伙房水库出口为考核断面，"十二五"期间单元内拟建污染治理项目有 6 项，其中包括新建乡镇污水处理设施 37 处，并且开展大范围的农村连片综合整治，COD 预计削减量为 1 168 t，氨氮预计削减量为 130 t。建立流域内污染负荷输入响应关系后，简单估算，"十二五"治理项目实施可实现浑河大伙房水库出口断面 COD 和氨氮达到水质目标要求。

6.9 浑河抚顺控制单元

浑河抚顺控制单元主要包括抚顺市区（新抚区、东洲区、望花区、顺城区），控制单元内断面主要为阿及堡、戈布桥、七间房 3 个干流控制断面和章党河口、东州河口 7 个支流汇入口控制断面（图 6-9）。

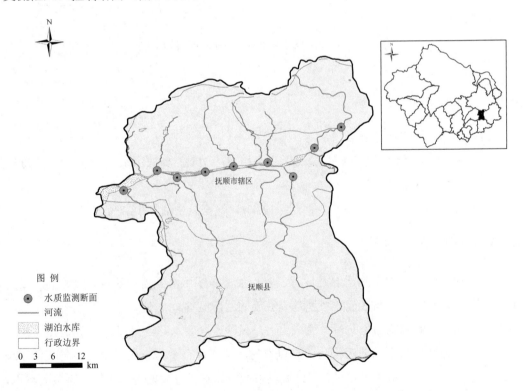

图 6-9　浑河抚顺控制单元

6.9.1　问题识别

本单元主要区域为抚顺市区，沿浑河两岸呈狭长形带状分布，单元内浑河大部分为城市段。单元内产业结构以石油化工、燃料、动力、原材料工业为主。单元污染主要来自汇入干流的 7 条重点支流，各支流接纳了大量的工业废水和生活污水。2010 年，本单元多数断面水质超标，主要污染因子为氨氮、化学需氧量、生化需氧量和粪大肠菌群，枯水期污染最重，平水期较好，丰水期较轻。部分大型重污染石化及化工企业排放污水经沈抚灌渠转移至北沙河，排入太子河流域，对太子河和大辽河水体造成严重污染。

主要问题为：① 城市河段氨氮污染突出，城市污水处理能力不足；② 水质受上游大伙房水库调控影响；③ 支流污染严重，河道淤积严重；④ 沈抚灌渠污染物转移输入量大；⑤ 工业企业超标污染严重，污染物排放种类复杂。

6.9.2　治污目标

（1）出境规划断面（七间房）水质达到Ⅳ类（氨氮≤2.0 mg/L）水质要求；

（2）污水处理率达 85%以上，污水处理厂出水达到 GB 18918—2002 一级 A 标准；

（3）支流河水质明显改善，支流河河道恢复正常功能；

（4）主要污染物入河量大幅度下降，城市水污染治理水平显著提高；

（5）按 2010 年基数，COD 总量削减 12.4%，氨氮总量削减 13.7%。

6.9.3　综合治理方案

（1）加强城镇生活污水处理设施建设。继续加快城镇污水处理厂技术建设，增加污水处理能力，进一步提高城市污水集中处理率。开展污水处理厂提标建设，进一步提高出水水质。加强城市管网建设，提高废水收集率和设施运行率。

（2）加强工业源水污染防治。重点完成单元内石化、化工及食品加工业等工业治理项目，严格控制各企业污染物排放总量。

（3）加强流域水环境综合整治。重点开展古城河、海新河、将军河和李石河流域环境综合治理工程，包括铺设截污管网、河道清淤、河堤生态防护。

（4）加强沈抚灌渠整治。对沈抚灌渠及排污企业进行彻底排查和整治，严格执行排放标准。

6.9.4　目标可达性分析

以七间房为预测出境断面，"十二五"期间单元内拟建污染治理项目有 11 项，COD

预计削减量为 6 922 t，氨氮预计削减量为 644 t。2010 年，七间房断面 COD 全面达到
Ⅴ类标准，氨氮枯水期为劣Ⅴ类水质。因此，基于水质现状与水质目标的指标浓度差异，
采用最枯月 50%保证率的设计流量简单地估算，若七间房断面氨氮达到Ⅴ类水质的规划
目标，则需减少 596 t 污染负荷输入。单元内"十二五"新增污染治理项目的预见削减
量大于水质目标约束下所需的减排量，浑河抚顺段七间房断面 COD 和氨氮可以达到规
划水质目标。

6.10 浑河沈阳控制单元

浑河沈阳控制单元主要包括沈阳市区[和平区、沈河区、大东区、皇姑区、铁西区、
苏家屯区、东陵区、沈北新区（部分）、于洪区]及辽中县（部分）。单元内浑河干流控制
断面主要包括东陵大桥、砂山、七台子和于家房 4 个干流断面；满堂河、细河、蒲河和
白塔堡河 4 个重点控制支流的控制断面分别为马官桥、于台、蒲河沿和曹仲屯（图 6-10）。

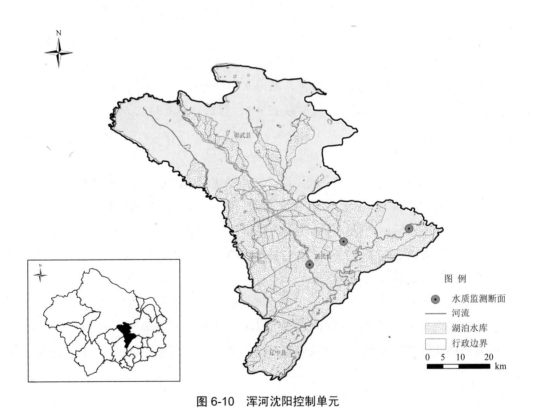

图 6-10 浑河沈阳控制单元

6.10.1　问题识别

浑河沈阳控制单元内城市人口密集，生活污染处理压力大，工业行业种类多，生活与工业污染集中。主要污染因子为氨氮、生化需氧量和总磷。4 个重点一级支流河均不同程度存在污染直排企业，有印染、酿造、化工、制药、制革、制糖等多个行业，工业废水成分复杂，治理难度较大，使得支流河（细河、蒲河、白塔堡河）污染严重。

主要问题为：① 支流河污染严重；② 生活污染排污负荷大；③ 工业点源行业多，污染物种类复杂；④ 农村水环境保护愈显突出。

6.10.2　治污目标

（1）单元出境断面（于家房）断面水质满足Ⅴ类（氨氮≤4.0 mg/L）水质要求，主要城区支流细河（于台）断面水质满足Ⅴ类（氨氮≤8.0 mg/L）水质要求；

（2）重点支流河水质明显改善，蒲河、白塔堡河水质满足Ⅴ类水质要求；

（3）城镇污水处理率达到 85%以上，出厂水水质满足《城镇污水处理厂污染物排放标准》（GB 18918—2002）一级 A 标准要求；

（4）按 2010 年基数，COD 总量削减 12.4%，氨氮总量削减 13.7%。

6.10.3　综合治理方案

（1）加强城镇生活污水处理设施建设。开展浑南新城和沈北新区等污水处理厂建设工程。对出水执行二级标准的污水处理厂实施升级改造，增加脱磷、脱氮工艺，使污水处理厂的出水标准达到 GB 18918—2002 一级 A 标准。

（2）加强工业源水污染防治。开展农副产品加工业污水综合利用，大幅度削减污染物排放量。

（3）加强农业源水污染防治。对规模化养殖场的畜禽粪便进行无害化处理和综合利用，建设沼气工程，实现粪便厌氧发酵处理，产生的沼气作为能源利用，沼渣沼液为种植业提供绿色有机肥料，对其产生的污水进行处理。

（4）加强流域水环境综合整治。开展蒲河、杨官河、白塔堡河、细河、沈抚灌渠等重点支流的环境综合整治工程，包括铺设截污管网，截流流域内的生活污水，进行河道清淤、河堤防护及生态恢复等工程。

6.10.4　目标可达性分析

以于家房作为单元考核断面，"十二五"期间单元内拟建污染治理项目有 19 项，COD

预计削减量为 66 269 t、氨氮预计削减量为 5 783 t。2010 年于家房断面 COD 有 1 个月为劣 Ⅴ 类，氨氮有 7 个月为劣 Ⅴ 类。基于水质现状与水质目标的指标浓度差异，采用最枯月 50%保证率的设计流量，简单地估算，若于家房断面 COD 达到 Ⅴ 类水质的规划目标，则需减少 446 t 污染负荷输入；若氨氮达到 4 mg/L 的水质规划目标，则需减少 5 846 t 污染负荷输入。此外，综合考虑杨官河、沈抚灌渠、白塔堡河 3 条支流河综合整治项目的潜在削减量，单元内"十二五"新增污染治理项目的削减量基本满足水质目标约束下所需的减排量，浑河沈阳段于家房断面 COD 和氨氮可以达到规划水质目标。

6.11　太子河本溪控制单元

太子河本溪控制单元，包括本溪市区、本溪满族自治县和桓仁满族自治县。单元内主要水体包括重点控制支流细河、观音阁水库和桓仁水库。主要控制断面为老官碴子、兴安、邱家 3 个国控、省控断面（图 6-11）。

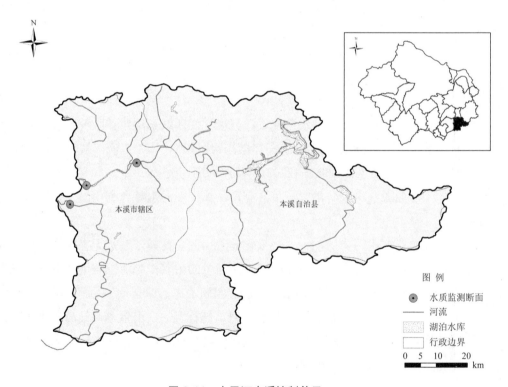

图 6-11　太子河本溪控制单元

6.11.1　问题识别

老官砬子断面属于太子河源头区，水质较好。兴安和邱家断面超标严重，主要污染因子为挥发酚、氨氮、石油类和生化需氧量。本溪市区段城市人口密集，兴安断面上游排污口众多且分布集中，接纳了城区 90% 以上的工业废水和生活污水，支流河污染严重。

主要问题为：① 城市污水处理能力不足，污水处理厂出水标准低；② 支流河、排污沟污染严重；③ 工业点源污染严重；④ 水库周边地区农业污染严重。

6.11.2　治污目标

（1）单元出境断面（兴安）水质达到Ⅳ类（氨氮≤2.0 mg/L）水质要求；

（2）城镇污水处理率不低于 85%，出厂水水质满足《辽宁省污水综合排放标准》（DB 21/1627—2008）或《城镇污水处理厂污染物排放标准》（GB 18918—2002）一级 A 要求；

（3）提高污水收集率，实现支流河水质明显改善；

（4）按 2010 年基数，COD 总量削减 12.4%，氨氮总量削减 13.7%。

6.11.3　综合治理方案

（1）加强城镇生活污水处理设施建设。继续加快城镇污水处理厂及配套管网建设，增加污水处理能力，提高城市污水集中处理率。开展本溪市污水处理厂等提标改造工程，增加脱磷、脱氮工艺，出水标准提高至 GB 18918—2002 一级 A 标准。

（2）加强工业源水污染防治。重点完成冶金等行业的污染治理项目，对现有污水处理设施进行提标改造，同时建设中水回用工程，削减工业污染物排放总量，解决单元内挥发酚超标问题。

（3）加强流域水环境综合整治。重点完成北沙河、郑家河、细河等支流河综合整治工程，包括铺设截污管网，进行河道清淤、河堤防护及生态恢复等工程。

（4）加强饮用水水源地污染防治。开展观音阁水库、桓仁水库的保护防护工程等项目，结合农村环境连片整治工作，解决水库总氮超标问题。开展水库、饮用水水源地在线监控监测项目，加强水源地环境应急能力建设，建立环境风险防范与预警体系。

6.11.4　目标可达性分析

以本溪兴安为单元考核断面，"十二五"期间单元内拟建污染治理项目有 27 项，COD 可预计削减量为 14 812 t，氨氮可预计削减量为 1 171 t。2010 年，本溪兴安断面 COD 全面达到Ⅲ类标准，氨氮全面达到Ⅴ类水质，因此，太子河本溪段兴安断面 COD 和氨氮可以达到规划水质目标。

6.12　太子河辽阳控制单元

太子河辽阳控制单元主要包括辽阳市区、灯塔市和辽阳县，太子河干流上起葠窝水库坝下，下到太子河下口子，全长 143 km，流域面积约 4 000 km²。单元内主要包括葠窝坝下、汤河桥、下王家、河洪桥、孟柳和下口子 6 个控制断面（图 6-12）。

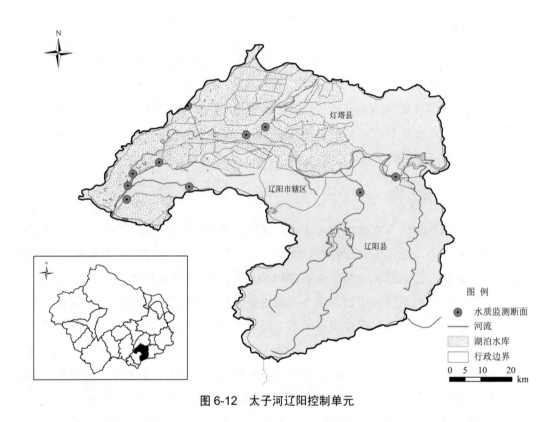

图 6-12　太子河辽阳控制单元

6.12.1　问题识别

本单元主要支流有汤河、北沙河、柳壕河、本溪细河、南沙河、运粮河、杨柳河等。单元内地表水污染主要来源于城市生活污水和工业废水，主要污染因子为氨氮、生化需氧量和石油类，枯水期污染最重，平水期较好，丰水期较轻。

主要问题为：① 石化行业排污问题严重；② 汤河存在重金属污染风险；③ 工业污水

集中处理率低；④ 支流污染严重。

6.12.2　治污目标

（1）单元出境断面（下口子）断面水质满足Ⅳ类水质要求；

（2）特征污染物得到有效治理；

（3）城镇污水处理率达到 85%；

（4）按 2010 年基数，COD 总量削减 12.4%，氨氮总量削减 13.7%。

6.12.3　综合治理方案

（1）加强工业点源水污染防治。重点实施石化及化工废水深度处理及提标改造，严格控制各企业污染物排放总量，进一步削减工业点源污染负荷。

（2）加强城镇生活污水处理设施建设。加快城镇污水处理厂技术建设，增加污水处理能力，进一步提高城市污水集中处理率。同时加强城市管网建设，提高废水收集率。

（3）加强支流河环境综合整治。开展灯塔市葛西河以及幸福河等流域环境综合治理工程，包括沿河清除污染物，清淤、绿化景观、生态湿地建设以及河道生态恢复等。

（4）加强汤河污染风险管理。排污入汤河的污染企业 2/3 是铁矿采选行业，所排放生产废水中的重金属是汤河水质污染的主要威胁，严格监管废水排放情况和及时反馈监测数据，是确保本单元水环境安全的主要管理途径。

6.12.4　目标可达性分析

以下口子作为单元考核断面，"十二五"期间单元拟建污染治理项目有 13 项，COD可预计削减量为 7 114 t，氨氮可预计削减量为 632 t。基于水质现状与水质目标的指标浓度差异，采用最枯月 50%保证率的设计流量，简单地估算，单元内"十二五"治理项目实施后，下口子断面 COD 和氨氮可以达到规划水质目标。

2010 年，下口子断面 COD 仅 2 月为Ⅴ类标准，氨氮仅 5 月为Ⅴ类水质，其余均达到Ⅳ类标准。因此，基于水质现状与水质目标的指标浓度差异，采用最枯月 50%保证率的设计流量，简单地估算，若下口子断面 COD 和氨氮达到Ⅳ类水质的规划目标，则需分别减少 212 t、346 t 污染负荷输入。单元内"十二五"新增污染治理项目的预见削减量大于水质目标约束下所需的减排量。因此，太子河辽阳段下口子断面 COD 和氨氮可以达到规划水质目标。

6.13　太子河鞍山控制单元

太子河鞍山控制单元主要包括鞍山市区、海城市和岫岩满族自治县。控制单元内断面主要为唐马寨、刘家台、小姐庙 3 个干流控制断面和高家、唐马桥、新台子、刘家台子、牛庄 5 个支流汇入口控制断面（图 6-13）。

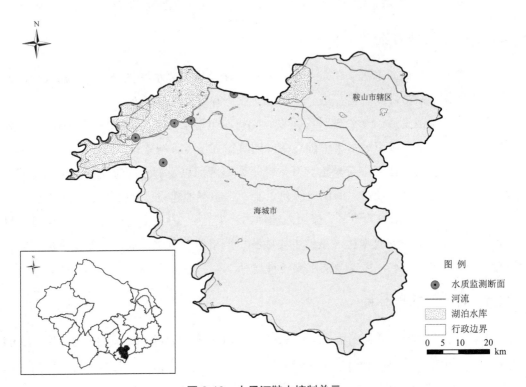

图 6-13　太子河鞍山控制单元

6.13.1　问题识别

本单元主要一级支流有南沙河、运粮河、杨柳河、五道河和海城河。干流主要超标因子为氨氮、高锰酸盐指数、总磷、阴离子表面活性剂，支流主要超标因子为氨氮、化学需氧量、总磷、阴离子表面活性剂、氟化物、生化需氧量。

主要问题为：①干流水质有所改善，但支流污染严重；②城镇生活污染源污染负荷较高；③工业废水集中处理率低；④城镇污水处理能力有待提高。

6.13.2　治污目标

（1）单元出境断面（小姐庙）水质满足 V 类（氨氮≤3.0 mg/L）水质要求；

（2）提高重点污染企业达标排放率；

（3）南沙河等 5 条主要支流水质基本达到 V 类水质要求；

（4）按 2010 年基数，COD 总量削减 12.4%，氨氮总量削减 13.7%。

6.13.3　综合治理方案

（1）加强城镇生活污水处理设施建设。开展多项城市污水处理厂和乡镇污水处理设施建设工程，对现有按老标准设计的污水处理厂进行提标改造，完善城市污水收集管网建设，开展污泥综合利用项目，强化城市集中污水处理厂的运行监管，进一步提高城市污水集中处理能力。

（2）加强工业源水污染防治。重点完成印染、食品加工等行业废水污染治理，实现中水回用。

（3）加强流域水环境综合整治。开展南沙河、杨柳河、海城河等流域环境综合治理工程以及鞍山市农村水环境综合整治工程，包括实施河道生态整治，开展以垃圾整治、生活污水处理、畜禽粪便污染治理为主的村庄整治等。

（4）加强环境监管能力建设。建设辽河流域水污染监测控制中心，加强水质化验分析、污染源自动监控、数据传输等业务，提高污染事故应急处理水平。

6.13.4　目标可达性分析

以小姐庙为单元考核断面，"十二五"期间单元内拟建污染治理项目有 20 项，COD 预计削减量为 17 090 t，氨氮预计削减量为 1 410 t。2010 年，小姐庙断面 COD 全面达到 V 类标准，氨氮为劣 V 类水质。基于水质现状与水质目标的指标浓度差异，采用最枯月 50% 保证率的设计流量，简单地估算，若小姐庙断面氨氮达到 3.5 mg/L 的规划目标，则需减少 1 386 t 污染负荷输入。此外，综合考虑单元内支流河综合整治项目的潜在削减量，"十二五"新增污染治理项目的削减量大于水质目标约束下所需的减排量，太子河鞍山段小姐庙断面 COD 和氨氮可以达到规划水质目标。

6.14　大辽河营口控制单元

大辽河营口控制单元属于营口市城区集中排污河段，主要包括营口市区（站前区、西市区、老边区）、大石桥市、鲅鱼圈区、盖州市及大洼县部分区域，控制单元内断面主要为三岔河、黑英台和辽河公园 3 个控制断面（图 6-14）。

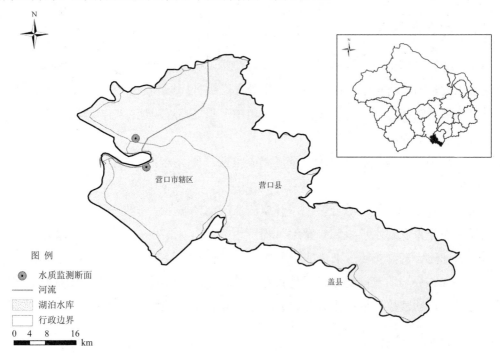

图 6-14　大辽河营口控制单元

6.14.1　问题识别

大辽河营口段位于辽河流域最下游的入海口感潮段，受上游沈阳、抚顺、本溪、鞍山、辽阳等城市排污影响，大辽河水质进入营口市前就已经为劣Ⅴ类水质。

主要问题为：①上游太子河、浑河来水水质差；②制浆造纸行业所占污染负荷较大。

6.14.2　治污目标

（1）单元入海辽河公园断面水质达到Ⅴ类；

（2）饮用水水源地监管能力提高；

（3）污染物入河量削减 10% 以上；

（4）按 2010 年基数，COD 总量削减 12.4%，氨氮总量削减 13.7%。

6.14.3　综合治理方案

（1）新建和改建城镇生活污水处理设施。单元内新建多个城市污水处理厂和乡镇污水处理设施，进一步提高生活污水收集率。

（2）加强工业废水处理设施建设。加强重点企业废水污染治理，提高工业废水集中处理率，有效降低工业对大辽河的污染贡献。

（3）加强流域水环境综合整治。开展老边区河道综合整治工程，大石桥市地表水环境污染治理项目工程等。主要是对老边区的 9 条河道、胜利河、淤泥河、永安河、四清河、劳动河、解放河、大旱河、大清河流域进行排污口取缔和生态整治，并疏浚清淤。

（4）加强环境监管能力建设。加强控制单元环境监测能力建设，建设水质自动监测系统，对上游来水及重点河口进行水质监控。

6.14.4　目标可达性分析

大辽河河口区感潮河段，以辽河公园作为单元考核断面，"十二五"期间单元拟建污染治理项目有 31 项，COD 预计削减量为 32 827 t，氨氮预计削减量为 3 123 t。大辽河流域缺少水文数据，无法建立输入响应关系，简单以 2010 年水质现状、排污现状及预计削减量推测，2015 年，辽河公园断面 COD 和氨氮可以满足规划水质目标。

第 7 章　重点任务

"十二五"期间，辽河流域将通过推进优先控制单元综合治污的战略导向，完成工业污染综合防治、全面提高污水处理及再生水利用水平、农村源污染防治示范、饮用水水源地安全保障、环境监管能力建设、重点水域水生态恢复六大任务，全面推进辽河流域水污染防治工作。

7.1　提高工业污染综合防治水平

（1）加快经济发展方式转变，加大工业结构调整力度。按照国家产业政策和"十二五"实现东北老工业基地全面振兴的战略需求，加大流域内污染物排放总量较大的石油加工炼焦及核燃料加工业、化学原料及化学制品制造业、造纸及其制品业、黑色金属冶炼及压延加工业、农副食品加工业、饮料制造业和医药制造业等行业的结构调整力度，实施"上大、压小、提标、进园"，依法淘汰落后的生产能力，坚决取缔关停"十五十小""新五小"等重污染企业，淘汰国家和地方明确要求淘汰退出的工艺、设备、产品。对于潜在环境危害风险大、治理难以奏效且确实难以升级改造的小规模合法企业，也要逐步实施淘汰退出。鼓励发展低污染、无污染、节水和资源综合利用的项目。

（2）积极推进清洁生产，大力发展循环经济。按照循环经济理念，鼓励企业实行清洁生产，推行工业用水循环利用，发展节水型工业，在辽河流域开展重点企业清洁生产审核评估验收工作。在规划期内，流域内直排辽河水系和浑太水系干流和重点支流的所有化工企业、制浆造纸企业、石化企业、化学制药企业、焦化企业、冶金企业、酿造企业、制浆造纸企业、印染企业及存在严重污染隐患的企业要依法实行强制清洁生产审核。未通过审核的企业，限期进行升级改造。

创建生态工业园区，推进优势企业向工业园区聚集，推进循环经济示范园区建设，通过发展循环经济推动产业结构优化升级。加快企业内部技术改造与产业升级，加快节能减排技术产业示范和推广，降低单位工业增加值的能耗、物耗和废物排放强度。

（3）进一步严格排放标准，积极推进企业升级改造。"十二五"期间，现有及新建工业企业要积极推进废水治理工艺的升级改造和深度治理，确保直排辽河水系和浑太水系干流和重点支流的排污企业出水 COD 和氨氮全面满足《辽宁省污水综合排放标准》（DB 21/1627—2008）或《污水综合排放标准》（GB 8978—2002）中的一级标准，排入园区集中污水处理厂、城市污水处理厂的企业出水满足《污水综合排放标准》（GB 8978—2002）中的二级标准。

（4）加强重点工业园区的污染控制及管理，提高园区污染防治水平。"十二五"期间，辽河流域重点突出抓好"造纸、石化、冶金、印染、制药"等类型工业园区的污染控制与管理。园区污水排放量达到适宜集中处理的规模时，应建设废水集中二级处理和深度处理；可能对园区废水集中处理设施正常运行产生影响的企业，必须建设独立的废水处理设施或者预处理设施，满足达标排放且不影响集中处理设施运行的要求后才能进入废水集中处理设施进行深度处理。

（5）严格环保准入，强化项目审批。提高环保准入门槛，不得新上和采用国家明令禁止的工艺和设备，新建项目和入园项目必须符合国家产业政策，严格执行环境影响评价和"三同时"制度。从严审批产生有毒有害污染物的新建和扩建项目。暂停审批总量超标地区的新增污染物排放量建设项目。切实加强建设项目环境验收管理。建立新建项目环评审批的新增排污量和治污年度计划完成进度挂钩机制。

（6）加强环境基础管理，继续实施工业污染物总量控制。结合污染源普查，建立工业污染源台账，推行排污许可证制度。依法按流域总量控制要求，发放排污许可证，把总量控制指标分解落实到污染源，实行持证排污。

（7）强化重点污染源监管，加大环境执法力度。加强对重点排污口及重点企业污水处理厂的监管，加强对重点污染源的日常监督检查，及时发现和治理环境违法行为，确保企业稳定达标排放。加强对企业污水集中处理设施、污染源在线监控设施及减排工程项目的监督检查，做好减排核查工作，实现工业企业污染排放稳定达标。结合环保专项执法行动，开展各种环境安全隐患排查，督促企业完善应急预案，落实整改措施，提高应急防范能力。落实和完善重点污染源在线监控制度。积极推进主要污染物排放指标有偿使用和排污权交易工作。

7.2　全面提高污水处理及再生水利用水平

（1）进一步完善城镇污水处理设施，全面提高城市污水处理水平。在东北老工业基地全面振兴战略的推动下，配合辽河流域沿海经济带、区域大型经济开发区总体布局，城镇污水处理厂要按照"集中和分散"相结合的原则，优化布局，合理确定处理规模；

因地制宜地确定城镇污水处理厂的排放标准,选择处理工艺。充分衔接辽河流域内蒙古、吉林、辽宁控制区《城镇污水处理及再生水利用设施建设"十二五"规划》,进一步完善城镇污水处理厂设施能力,设市城市污水处理率达到90%以上、县城污水处理率达到70%以上、3万人口以上建制镇污水处理率达到30%以上。同时,全面提高城市污水处理水平,所有设市城市污水处理厂出水必须全面达到《城镇污水处理厂污染物排放标准》(GB 18918—2002)一级 A 排放标准,县城和建制镇80%污水处理厂出水 COD 和氨氮达到 GB 18918—2002 一级 B 排放标准。因地制宜地选择合理的工艺技术对现有不符合要求的污水处理厂进行升级改造。污水处理厂必须强化消毒杀菌设备的管理,确保正常稳定运行。设市城市污水处理设施建设要与再生利用设施统筹考虑。

(2)完善污水处理厂配套管网工程建设,全面提高污水设施运行负荷率。污水处理系统建设的原则是"厂网并举、管网优先",要进一步完善城镇污水处理厂配套管网工程的建设,因地制宜推进雨污分流,加强对现有合流管网系统改造,提高城镇污水收集能力和处理效率,促进和改善城市水域的环境质量。设市城市污水处理设施运行负荷率达到 80%以上;县城污水处理设施运行负荷率达到 65%以上;3 万人口以上建制镇污水处理设施运行负荷率达到 60%以上。

(3)加强城镇污水处理厂污泥安全处理处置。要统筹考虑现有污水处理厂、在建和新建污水处理厂产生污泥的无害化处理处置设施的建设,积极推广好氧发酵/堆肥、低温碳化及焚烧发电等先进的污泥无害化处理处置技术。区级市应因地制宜建设污泥集中综合处理处置工程,其他城镇污水处理厂的污泥也应按规定进行处理处置。

(4)加强污水再生利用设施建设,全面提高城市污水再生利用水平。衔接辽河流域内蒙古、吉林、辽宁控制区《城镇污水处理及再生水利用设施建设"十二五"规划》,全面提高城市污水处理厂深度处理水平,选择水资源较为短缺的源头区及条件较成熟、中水用户市场较大的典型城市,全面推行再生水利用,提高城市再生水回用水平,建立城市再生水回用试点示范城市。设市城市污水再生利用率达到 30%以上。

(5)加强污水处理费征收管理。流域内所有城市、建设污水处理厂的县(市)必须制定污水处理收费政策,并按标准足额征收污水处理费,收费不到位的城市当地政府应安排专项财政补贴资金确保污水处理和污泥处置设施正常运行。

(6)加强城镇污水处理工程建设与运营监管。污水处理设施建设要政府引导与市场运作相结合,推行特许经营,加快建设进度,重点加快县城所在中心镇及 3 万人以上重点镇的污水处理设施建设。城镇污水处理厂应全部安装进出水自动监控装置,实现污水处理厂进出水的实时、动态、全面的监督与管理。

7.3　开展农村源污染防治示范

（1）加强规模化畜禽养殖治理。鼓励畜禽标准化规模养殖场（小区）建设有机肥生产利用工程，继续做好实用型沼气工程，积极推进其他方式的畜禽粪污无害化处理和资源化利用技术。鼓励标准化规模养殖场（小区）、散养户进行适度集中，对畜禽粪污实施统一收集和治理。2015 年，力争流域 80%以上的畜禽标准化规模养殖场（小区）配套完善粪污处理设施，并保证设施正常运行。选择铁岭市、辽源市、公主岭市及梨树县开展规模化畜禽养殖污染治理示范区，规模化畜禽养殖场粪便综合利用率达到 90%，粪尿污水实现达标排放。

（2）加强农村环境综合整治。结合社会主义新农村建设和农村环境连片整治工程，开展农村生产、生活污染防治示范工程。加大农村环境基础设施建设和环境污染治理力度，重点解决影响群众健康和农村人居环境脏、乱、差等突出环境问题，加快推进农业现代化和社会主义新农村建设。加快生态示范区建设步伐，积极开展生态镇、生态村等创建活动。加强对"以奖促治""以奖代补"项目的监管，因地制宜开展农村生活污水处理，完善农村生活垃圾收集和转运系统，推动农业生产方式和农村生活方式的转变，有效控制农业生产和农民生活过程中污染物随意排放，改善村庄环境卫生状况和村容村貌，实现"清洁水源，清洁家园，清洁田园"的目标。

（3）加强农业面源污染防治。大力发展生态农业和绿色农业，促进农村产业结构调整，引导广大农民科学使用化肥和农药，减少农业面源污染。遵循"资源化、减量化、无害化、生态化"的原则，推广节约资源和保护环境的农业技术，推广测土配方施肥的方法，采用平衡施肥、深耕和精确施肥，适当应用长效和缓释肥，试点有机肥补贴政策。因地制宜发展秸秆综合利用和以沼气工程为主的农业循环经济。加强对种植业污染和养殖业污染的防治，推进传统种养业发展方式的转变。

7.4　确保饮用水水源地水质安全

（1）加强饮用水水源地保护区管理。进一步完善城市集中式饮用水水源地保护区划分工作，科学合理调整一级、二级保护区范围，实施饮用水水源地保护区隔离，完成保护区划界、立标等工作，依法拆除或关闭饮用水水源一级保护区已建成的与供水设施和保护水源无关的建设项目，依法拆除或关闭饮用水水源二级保护区已建成的排放污染物的建设项目。加强饮用水水源保护区水土保护、水源涵养，严格控制地下水开采。加大饮用水水源保护区的监管力度,确保饮水安全。

(2)加强超标水源地污染综合治理。在收集、分析监测数据的基础上,确定超标饮用水水源地,并逐一制定解决水源地超标项目的综合方案。严格依法执行垃圾清运处理、水产与畜禽养殖控制等各项环境管理措施,坚决取缔水源保护区内的直接排污口,严防养殖业污染水源,防止有毒有害物质进入饮用水水源保护区,重点解决水源地受高氨氮、高有机污染和石油类、重金属等特征污染物威胁问题。所有对饮用水水源地水质构成直接影响的工业污染源必须全面实现稳定达标排放。

(3)健全饮用水水源地水质监控与风险防范制度。针对不同级别集中式饮用水水源地,制定包括断面设置、监测频次、监测职责等内容的实施方案。定期公布饮用水水源地水质监测信息。在加强常规水环境监测的基础上,集中式饮用水水源地每年至少开展一次水质全指标监测分析与评估,并及时公布水源地水质状况,确保社会及时得到饮用水水源质量信息,促进公众参与并接受公众监督。同时,初步建立东北大型水源地监控预警风险防范管理体系,提升饮用水水源地预警能力和突发事件应急能力,预防饮用水水源污染,保障居民饮用水安全。

(4)完善饮用水水源地风险事故应急保障体系。针对不同级别集中式饮用水水源地,制定饮用水水源污染应急预案。加强高危潜在污染源风险分类、分级与综合识别,对威胁饮用水水源地安全的重点污染源进行逐一筛选并建立应急预案,建立饮用水水源的污染来源预警、水质安全应急处理和水处理厂应急处理三位一体的饮用水水源应急保障体系。

7.5 加强环境监管能力建设

(1)推进水环境监测能力建设。加强流域各级环境监测站特别是县级环境监测站水环境常规、应急及特征污染物专项监测仪器设备等硬件配置,推进各级环境监测站标准化建设。有步骤地建设国控、省控断面点位自动监测站,优化河流监测点位。"十二五"期间,力争全面实现饮用水水源地、主要江河市界、县(市)界地表水水质监测自动化,提高适时监测能力水平。加强流域内政府所在地城市饮用水水源地水质全分析能力,扩大环境监测指标与范围。建立水环境监测仪器设备动态更新机制,保障环境监测系统高效运行和良性循环。加强环境监测网、环境监测信息网等基础能力建设,确保及时掌握重点污染源的排放状况。

(2)完善水环境执法监督能力建设。加大环境监管执法能力建设,加强对重点企业和污染源的日常监督检查,严肃查处各类违法违规行为,采取挂牌督办、限期整改和经济处罚等措施,确保环保设施正常、连续、稳定运行,强化排污费征收工作。抓实排污申报基础，加强排污申报核定，建立完善监督制约机制。加强环境监察标准化建设，污染源自动监控系统满足实际工作需要，正常稳定运行；环境现场应急装备满足快速反应需要；环保举报热线系统保证通信和信息交换畅通；排污申报数据信息管理软件建设达到国家规范要求。

7.6 重点水域水生态实现初步恢复

（1）加强辽河生态系统修复工程，恢复河流自然生境。以恢复河流生态完整性为目标和出发点，坚持"给河流以空间"，恢复辽河的物理、化学、生物完整性，重现辽河清水碧波的自然风貌。通过重要支流河口、人工湿地构建，坑塘湿地群牛轭湖湿地群、库型湿地群建设与恢复，干流河岸区湿地生态恢复，以及辽河口湿地的修复与保护，并保障湿地恢复水利条件，构建一张错落有致、自我修复、健康发展的河流湿地生态系统网络，削减入河污染负荷，增强水体自净能力，改善河流水质，同时发挥其水源涵养、调洪蓄洪、气候调节、生物多样性保护、景观多样性维持等多重作用，成为野生动植物、鱼类和鸟类的栖息地。

（2）加强河岸带生态修复建设，重建河岸带的廊道功能。根据河流生态系统自身的演替规律，加强对生物多样性和生态系统完整性的修复和保护，构建干流主河槽两侧500 m 近水区生态封育带、500 m 外生态种植带，形成河道—生态恢复带—生态种植结构带—堤围生态保护带组成的水陆有机连接的能够实现自我完善的河流生态系统。保护区生态系统恢复以自然封育为主导，人工干预为辅助的原则，通过修建生态沟渠，利用弃土修建阻隔路，形成封育区生态阻隔带，削减滩地面源污染，控制水土流失，同时结合围栏的设置，对保护区实行全面封育，以减少人为干扰。辽河保护区河岸带生态修复遵从景观适宜性原则和生态安全性原则。在河边栽植灌丛和其他沼泽植被等，防止水流侵蚀，促进泥沙沉积，恢复河岸带的护岸功能；通过恢复沿河两岸的植被覆盖，减缓洪水影响，为水生食物链提供有机质，为鱼类和泛滥平原稀有物种提供生境，重建河岸带的廊道功能；利用河岸的林地、灌丛（5～50 m 宽）或草地（50～200 m 宽）构建河岸缓冲带，滞留89%的氮和80%的磷，恢复河岸带的缓冲带功能。

（3）加强生态监测能力建设，保障河流生态系统恢复成果。选择保护区内重要的生态结点、重点湿地，野生动物、鸟类、水生生物栖息地，建设巡护及生态监测站，具有巡护、湿地监测、珍稀野生动植物监测、鸟类和鱼类观测等功能。采用人工监测、自动站观测和遥感监测分析手段相结合的方法，对保护区内野生动植物、鸟类、水生生物资源的变化状况以及河滨湿地状况进行观测，分析保护区内生态质量的变化趋势，分析流域水资源利用、水利工程建设以及水污染排放对保护区生态系统的影响规律。

第8章 规划项目

8.1 规划项目要求

结合规划普适性要求和优先控制单元水污染防治综合治理方案，确定规划重点工程项目，按照以下类别进行汇总和项目优选，构建"十二五"水污染防治项目库，形成规划项目清单和骨干工程项目清单。

8.1.1 规划项目类型

根据辽河流域水环境问题和保护需求，结合"十二五"规划思路和重点任务，重点工程分为以下七大类：

（1）饮用水水源地保护项目。根据饮用水水源地保护要求、饮用水水源地基本状况和主要问题，确定饮用水水源地"十二五"规划治理的主要任务，筛选重点治理饮用水水源地清单；饮用水水源地保护项目重点从保护区划定、调整与设施建设、保护区污染源治理及监控预警风险防范、备用水源地选址建设等。

（2）工业污染治理项目。工业污染治理以实现工业废水稳定达标排放、大型工业园区中水回用和循环经济推进以及风险防范为主要方向，工程重点类别为：① 工业企业废水深度处理和再生回用；② 工业园区集中治理设施；③ 经济效益差、环境问题突出的企业关停并转；④ 清洁生产工艺升级改造；⑤ 工业园区或重点企业排污监控系统。

（3）城镇污水处理及配套设施建设项目。辽河流域城镇污水处理及配套设施建设项目应着力于完善城镇污水管网配套、强化氮磷污染物处理等，同时针对中水回用市场较大的典型城市和存在污泥处置需求的大型城市污水处理厂，进行升级改造和中水回用的重点工程项目建设。重点类别为：① 城镇污水处理设施建设；② 污水处理厂提标改造；③ 再生水利用设施建设；④ 污水收集管网改造与完善；⑤ 污泥安全处理处置方案。

（4）农业源污染防治项目。农业源污染防治项目骨干工程，以辽河流域源头区域（辽源、铁岭、大伙房水库上游）为重点，以控制饮用水水源地汇水范围内的规模化畜禽养殖为主要目标，选定示范区，开展农业源污染防治项目示范。重点类别为：① 规模化畜禽养殖场综合防治工程；② 新农村建设环境连片综合整治工程，包括农村分散式污水处理、农业和农村固体废弃物无害化处理与资源化利用工程。

（5）区域水环境综合治理项目。以优先控制单元内重要集中式水源保护区、水功能区等水体为重点，确定治理水体名单及综合治理重点。重点开展水环境修复及内源治理（生态清淤）等工作。

（6）水生态修复项目。根据地方水生态状况及需求，以水生态修复为目标，确定湿地建设、堤岸处理及景观构建等工程项目的名称、位置、规模、布局、工艺、执行标准、效益等。

（7）水环境监管能力建设项目。提升流域监管能力的工程，主要包括：流域水资源保护机构以及省（区）、市、县级站监测能力提升项目；风险防范与预警能力提升项目；水环境监督、执法、综合管理能力提升项目；水环境、水功能区管理信息共享平台建设项目等。

8.1.2　项目申报要求

为提高项目申报的有效性，项目申报应该注重以下几个方面：

（1）工程项目申报需要的基础材料。包括项目所在地区、所在控制单元、项目名称、经纬度坐标、针对的环境问题、项目内容、项目规模、项目投资与渠道、建设时间段、筹备进展、污染物削减量或其他效益、排污去向等一般信息，并根据项目类型增加有关信息，如污水处理设施规模、进水浓度、出水浓度、污水与污泥处理工艺、执行标准、污水收集管网覆盖范围、长度、再生水利用量和利用方式等。

（2）项目投资数及资金渠道分析。

（3）项目须有环境效益分析。重点说明项目的污染物削减作用（项目实施前后的对比，需注意与普查数据的衔接）、对周边水体水质的改善作用、对产业结构优化的促进作用、对水生态的恢复作用等。

（4）对已有前期工作准备的项目，应提供有资质单位编制的前期工作准备材料。如项目建议书、可行性研究报告、环评报告。若项目前期准备工作已获得相关部门的审批，则还需提供相应的批复文件，如当地环保、发改委、土地、水利等相关部门的批件等。对没有前期工作准备的项目，应提交项目建设方案。

8.2 项目优化要求

8.2.1 项目库项目

构建辽河流域水污染防治"十二五"规划项目库，初步确定项目筛选原则如下：

（1）入库项目必须在重点流域规划范围内；

（2）已列入其他渠道或其他部委专项规划或计划的项目可列入本规划，但需作出说明；

（3）工业治理项目重点支持深度治理和污水回用项目；

（4）入库项目需符合辽河流域水污染防治及辽河流域综合规划重点任务或优先控制单元任务需求；

（5）严格执行环评和"三同时"制度，符合国家、流域或区域、地方规定的环境准入条件；

（6）符合国家产业政策和地方产业政策；

（7）入库项目的材料必须完整、真实、合理，治理规模、治理工艺及投资合理；

（8）入库项目需要有环境效益分析，重点说明项目的污染物削减作用、对周边水体水质的改善作用、对产业结构优化的促进作用以及对水生态的恢复作用等；

（9）入库项目必须在"十二五"期间（即在2015年以前）建成并稳定运行，且有利于水环境质量改善、污染风险降低、水生态恢复等。

8.2.2 规划项目

在项目初步筛选的基础上，以优先控制单元或重点任务的需求为基础，综合考虑"项目的技术经济可行性，控制内容的优先性，项目实施对水质改善、风险防范及水生态恢复的重要性"等因素，进一步优选，形成规划项目清单。初步确定项目优选原则如下：

（1）项目去除主要污染物与控制单元水体主要超标指标一致的项目；

（2）有效解决优先控制单元重点污染问题或流域内重点任务的项目；

（3）污染物减排效益大的项目；

（4）有利于区域产业结构优化的项目；

（5）有利于提高污染防治水平且具有示范意义的项目；

（6）水质超标控制单元汇水范围内的项目；

（7）清洁生产、循环经济项目或治理工艺在行业内具有示范意义的项目；

（8）对区域特色的水环境问题或水生态保护及恢复具有重要意义的项目，如生态水量保障项目及湿地建设项目；

（9）引起社会广泛关注的重大水环境污染事件和突出问题的应急处置和治理设施的建设项目。

8.2.3 骨干工程项目

围绕流域宏观目标和优先控制单元的具体需求，按照因地制宜、突出重点的原则，综合考虑各重点工程项目规模、工艺、投资等基本参数，以控制单元为单位对规划项目进行综合优化，整合改善效果明显、执行必要性大、可实施程度高的项目，解决优先控制单元主要水环境问题，形成辽河流域规划的骨干工程项目清单。

各重点项目以规模合理、工艺合理、投资合理、符合规划大纲污染控制思路、保障目标可达性为基本原则，综合各控制单元水环境特征，分别对各重点工程进行工艺优选、重复性筛除、规模及投资合理化、项目控制方案优化等。并注意包括各类项目关键参数的优化，如城镇污水处理设施的再生水利用量和途径，重点工业园区（工业企业）清洁生产技术和循环经济产业链设计，畜禽养殖企业治理工艺、标准、规模及综合利用途径，水生态修复设计的合理性等。

综合控制单元各重点工程，进行控制单元工程方案分析。根据输入响应关系，综合水质目标—工程项目—环境效益—治污费用分析，依据水污染防治目标，结合项目环境效益，分析优先控制单元项目方案的空间布局合理性、结构合理性（污染源削减的结构，工业、生活、面源削减比例与目标一致性）、有效性（重点源控制、削减量、水质目标可达性），优选整合各类重点工程项目，进行控制单元项目方案综合优化。

8.3 项目资金来源分析

项目资金主要来自于地方政府治污资金、国家财政资金、工业企业自筹资金和其他途径融资。

8.3.1 主要融资渠道

（1）地方政府治污资金。地方政府为开展本规划相关工作能够匹配的地方财政资金，包括可能利用的其他地区政府对口支援资金。该项资金需要列入地方政府财政预算，投入额度与地方财力有关。

（2）国家财政资金。包括中央财政专项资金和中央预算内投资，根据国家财力统筹安排。

（3）企业自筹资金。企业为落实本规划相关工作需要筹措的资金。该项资金主要用于达标排放前的工程投入以及企业清洁生产投入。

（4）其他途径。主要由本规划工程责任部门和承担单位组织落实，作为具体项目的补充资金。主要包括：银行贷款、商业建设运作委托、社会与民间募集等。

8.3.2　项目投资机制

辽河流域水污染防治的主要责任在于地方政府，项目资金以地方政府投资为主，中央财政通过不同途径予以支持。落实企业治污责任，出资完成有关工业治理项目；充分发挥市场机制，通过银行贷款、社会募集等方式筹措规划资金。

8.4　投资项目

根据辽河流域水环境问题和保护需求，结合规划目标和重点任务，规划初步确定工程项目 924 个，投资约 583 亿元。其中，工业污染防治项目 131 个，投资 51.8 亿元；城镇污水处理及配套设施建设项目 478 个，投资 310.27 亿元，饮用水水源地污染防治项目 21 个，投资 10.09 亿元；畜禽养殖污染防治项目 60 个，投资 8.73 亿元；区域水环境综合治理项目 234 个，投资 202.15 亿元（表 8-1）。

表 8-1 项目投资汇总表

单元编号	COD排放量/t 2010年	COD 2015年	削减率	氨氮排放量/t 2010年	氨氮 2015年	削减率	工业污染防治项目 个数/项	投资/万元	城镇污水处理及配套设施项目 个数/项	投资/万元	饮用水水源地污染防治项目 个数/项	投资/万元	畜禽养殖污染防治项目 个数/项	投资/万元	区域水环境综合整治项目 个数/项	投资/万元	项目投资合计 个数/项	投资/万元
辽 01	12 600	10 880	13.7%	3 540	3 151	11.0%			15	180 513							15	180 513
辽 02	883	808	8.5%	171	152	11.1%											0	0
辽 03	4 515	4 131	8.5%	953	848	11.0%			10	56 731							10	56 731
辽 04	31 682	27 609	12.9%	4 993	3 462	30.7%			28	153 246							28	153 246
辽 05	1 314	1 197	8.9%	175	156	10.8%	1	327	1	17 524					3	11 372	5	29 223
辽 06	9 265	8 440	8.9%	1 405	1 254	10.8%	4	12 441	3	47 481	3	14 489	2	2 502	3	76 340	15	153 252
辽 07	8 696	7 922	8.9%	1 104	985	10.8%	3	7 835	4	29 204	1	4 024	2	1 036	8	42 789	18	84 888
辽 08	11 822	10 769	8.9%	2 059	1 837	10.8%	10	14 966	8	90 304	1	910	2	21 198	8	219 237	29	346 615
辽 09	27 204	23 831	12.4%	4 727	4 080	13.7%	17	26 591	82	219 156	4	37 193	21	14 376	34	182 467	158	479 783
辽 10	11 889	10 415	12.4%	2 579	2 225	13.7%	2	95	19	101 529			1	1 000	7	12 264	29	114 888
辽 11	27 339	23 949	12.4%	3 446	2 974	13.7%	24	101 877	48	215 691	3	17 000	9	12 946	39	121 113	123	468 626
辽 12	—	—	—	—	—	—									17	665 183	17	665 183
辽 13	2 694	2 360	12.4%	601	518	13.7%			15	4 740	2	6 200			3	3 960	20	14 900
辽 14	10 640	9 321	12.4%	3 719	3 209	13.7%	4	21 706	32	262 279					22	67 127	58	351 111
辽 15	38 623	33 833	12.4%	12 314	10 627	13.7%	14	21 859	57	755 284			1	2 400	18	75 577	90	855 121

| 单元编号 | COD排放量/t | | | 氨氮排放量/t | | | 工业污染防治项目 | | 城镇污水处理及配套设施项目 | | 饮用水水源地污染防治项目 | | 畜禽养殖污染防治项目 | | 区域水环境综合整治项目 | | 项目投资合计 | |
	2010年	2015年	削减率	2010年	2015年	削减率	个数/项	投资/万元	个数/项	投资/万元	个数/项	投资/万元	个数/项	投资/万元	个数/项	投资/万元	个数/项	投资/万元
辽16	27 232	23 855	12.4%	2 739	2 363	13.7%	13	83 984	49	272 020	2	7 840	4	8 435	27	111 780	95	484 059
辽17	13 601	11 915	12.4%	2 401	2 072	13.7%	9	51 935	20	82 955			3	3 930	14	78 122	46	216 942
辽18	51 618	45 217	12.4%	7 879	6 799	13.7%	2	6 200	27	167 810	1	1 000	1	3 962	10	95 012	41	273 984
辽19	35 799	31 360	12.4%	4 203	3 627	13.7%	11	79 688	28	178 085	1	3 850	2	2 274	11	201 135	53	465 031
辽20	19 987	17 509	12.4%	2 497	2 155	13.7%	6	37 072	7	47 854	2	3 400	11	4 800	3	9 850	29	102 976
辽21	18 146	15 896	12.4%	2 325	2 006	13.7%	5	36 776	13	119 960	1	5 000	1	8 500	3	5 910	23	176 145
辽22	23 627	20 698	12.4%	3 908	3 373	13.7%	6	14 600	12	100 341					4	42 340	22	157 281
总计	389 177	341 916	12.1%	67 737	57 873	14.6%	131	517 951	478	3 102 706	21	100 906	60	87 358	234	2 021 576	924	5 830 497

第9章　保障措施

9.1　加强统一领导，落实目标责任

　　落实各级人民政府的环境保护目标责任制。地方人民政府是规划实施的责任主体，有关省（自治区、直辖市）政府要把规划目标与任务分解落实到市级、县级政府，制定年度实施方案，并纳入地方国民经济和社会发展年度计划组织实施。各级地方政府要将流域水污染防治工作目标和任务纳入目标责任考核，实行党政一把手亲自抓、负总责，按期高质量完成规划任务。有关部门按照职能分工承担相应责任。

　　加强协调。协调本规划与水资源综合规划、污水处理及再生利用设施建设规划、水土保持规划、农业面源污染防治规划、生态林建设规划等相关规划的关系，确保规划落实。国务院各部门要分工负责、各司其职、各负其责，发挥各方面的优势，加强对规划实施的指导与支持。

9.2　强化环境执法，依法追究责任

　　建立问责制。对在执行和落实本规划方面因决策失误造成重大环境事故、严重干扰正常环境执法的领导干部和公职人员，要追究责任。建立排污单位环境责任追究制度。排污单位要认真落实规划要求，明确本单位的水环境保护职责。政府明令关停的单位要按时完成，限期治理的单位要认真落实整改措施，实施清洁生产的单位要按同行业高标准严格执行，存在污染隐患的单位要及时采取防范措施。造成环境危害的单位要依法进行环境损害赔偿，并追究其相关责任。

　　开展环保专项执法检查和环境安全隐患排查。适时开展专项执法检查，检查结果向社会公布，接受群众监督。

9.3 多方筹集资金，完善奖惩机制

坚持政府引导、市场为主、公众参与的原则，建立政府、企业、社会多元化投入机制，拓宽融资渠道。

工矿企业治污项目责任方为实施企业，企业要积极筹集治理资金，确保完成治理任务；企业改制要明确治理污染的责任。鼓励专业化公司承担污染治理设施的建设或运营，推进工业污染治理专业化、市场化新机制。相关地方政府要根据省级及以下地方政府的支出责任划分，将治污项目建设纳入本级政府投资计划，加大资金投入，确保项目顺利实施；要尽快完善并落实污水处理收费政策，逐步提高征收标准，达到城镇污水处理设施正常运行的水平。国家适当安排资金，对治污项目实施予以支持。以中央资金、地方政府资金以及企业自筹资金等为基础，积极争取国家政策性银行贷款、国际金融组织和国外政府优惠贷款、商业银行贷款和社会资金，建立多元化环保投融资机制，加快推进治污项目建设。

探索、创新工作机制，积极开展试点，促进规划实施，推进流域水污染防治工作再上新水平。对于量大面广、小而分散的项目，如农业源污染防治、农村环境综合整治等重点区域污染防治项目，充分发挥地方政府的主动性、积极性，实施"以奖促治"。运用市场经济手段协调流域上下游之间的经济利益关系，开展跨界水污染"赔付补偿"机制、主要污染物排污权有偿使用和交易机制的试点工作。

9.4 提升环境监管能力，严格环保监督

提高环境监管能力建设水平，加强环境监督管理，全面贯彻落实《水污染防治法》《海洋环境保护法》，切实解决环境执法成本高、违法成本低的问题。

加强水环境监测能力和生态环境监测能力。根据规划目标的要求，对流域内省级、市级骨干监测站填平补齐配置饮用水 109 项全指标分析监测仪器、重金属污染与生物毒性应急监测设备、生物毒性在线预警监测设备、生态环境监测仪器设备和一些针对有毒有害污染物的监测仪器设备，市级站及县级站重点补充必要的仪器设备和人员力量，推动各级环境监测机构达到标准化建设水平。强化流域水资源保护机构的省界水体水环境监测能力。

优化完善水环境监测网络系统，统筹规划，分级建设，分级管理，形成由国控、省控、市控监测断面组成的水环境监测体系，实现流域主要河流跨省界、市界水环境质量

以及海洋环境质量的全面监控。建立流域水环境信息共享平台。在鄱阳湖和洞庭湖流域开展生态监测站的试点建设工作。逐步完善国控水环境监测网络，确保国家对敏感水域水质变化的及时掌控。

强化水环境监督执法和污染源监控能力。对流域内省级、市级、县级环境监察队伍补充交通、取证、通信、快速反应等必要的执法装备和必要的人员力量，使流域内省、市、县各级监察机构达到标准化建设水平。流域内重点工业污染源和污水处理厂的在线监控装置，要按要求与环保等部门联网，做到实时监控，动态管理。流域内所有地市要进一步提高应急能力，建立自动化、立体化的应急监测体系，提高应急指挥的综合反应能力。

严格执行《危险化学品安全管理条例》，提高流域环境风险防范意识，健全完善流域突发性污染事件预警和应急管理，建立部门联动、全民参与、社会整体联动的综合应急管理体制。

在对高危潜在污染源风险分类、分级与综合识别的基础上，加强应急监测能力和环境执法能力建设，完善流域风险预警监测系统，提高重点集中式饮用水水源地污染风险防范能力。

9.5 加大科技创新力度，提高流域水污染治理水平

加强流域社会经济发展与水环境保护、流域与区域关系的综合研究，为流域水污染防治和水环境保护提供决策支持，不断提高流域水环境管理水平。建立环境与发展决策科学咨询制度，将环境技术管理体系、专家和公众参与决策作为完善政府、部门决策支撑体系的重要内容。

充分吸收和借鉴水专项及生态安全评估等相关研究成果，加大力度研究流域水污染防治适用技术并进行推广，尤其是饮用水水源地水质改善、河湖污染生态修复、湿地保护与利用、水生生物资源养护、河口生态保护、船舶污染控制、农业非点源污染控制、城镇分散式污水处理、污泥无害化处理处置、氮磷污染物控制等技术。

9.6 建立信息公开制度，鼓励公众参与

建立环境信息共享与公开制度。环保、住房和城乡建设、水利、卫生等部门通力协作，实现水源地、污染源、流域水文和人群健康资料等有关信息的共享，并及时发布信息，让公众了解流域与区域水环境质量。

加强环境宣传与教育。调动全社会的积极性，推动规划任务的实施。通过设置热线电话、公众信箱、开展社会调查或环境信访等途径获得各类公众反馈信息，及时解决群众反映强烈的环境问题。公民、法人或其他组织受到水污染威胁或损害时，可依法提出污染补偿等要求，保障合法的环境权益。

9.7　科学组织项目实施，强化项目管理

各省（自治区、直辖市）应根据规划要求，制定辖区内分年度实施计划并组织实施，同时报送环保、发展和改革委、住房和城乡建设、水利等部门备案。高度重视水污染防治项目的管理，严格执行国家关于工程建设质量管理的各项规定，确保水污染防治项目的工程质量。加强项目前期准备、实施、竣工验收、项目后期评估等的全过程管理，并向社会公布项目的环境效益。

9.8　实施规划考核，明确奖惩措施

实施规划年度考核制度。由环境保护部会同国务院有关部门对各省（自治区、直辖市）规划实施情况进行考核，重点是规划断面水质达标情况和规划项目建设情况。对考核不达标的地方暂停项目审批，暂停安排中央补助资金。各省（自治区、直辖市）也要根据本地实际情况，合理确定规划断面，加大对规划断面水质和规划项目建设情况的考核力度。

2012 年开始进行规划年度考核，重点为规划骨干工程的实施情况和规划目标的完成情况。

2013 年对规划执行情况进行中期评估与考核，并根据考核评估情况结合项目库对规划骨干工程项目进行适当调整。

2016 年对规划执行情况进行终期评估与考核。对未能完成规划任务、未达到规划目标的地区，追究行政首长的责任。

参考文献

[1] 孟伟，张远，郑丙辉. 辽河流域水生态分区研究[J]. 环境科学学报，2007，27（6）：911-918.

[2] 石玉敏，王彤，胡成. 辽河流域水污染防治规划实施状况分析[J]. 安徽农业科学，2010，38（36）：20869-20871.

[3] 张平宇. "振兴东北"以来区域城镇化进展、问题及对策[J]. 中国科学院院刊，2013，28（01）：39-45.

[4] 苏丹，王彤，刘兰岚，等. 辽河流域工业废水污染物排放的时空变化规律研究[J]. 生态环境学报，2010，19（12）：2953-2959.

[5] 李国忠，宋永会. 辽河保护区治理与保护技术[M]. 北京：中国环境出版社，2013.

[6] 常原飞，贾振邦，赵智杰，等. 辽河COD变化规律及其原因探讨[J]. 北京大学学报：自然科学版，2008，38（4）：535-542.

[7] 段亮，宋永会，白琳，等. 辽河保护区治理与保护技术研究[J]. 中国工程科学，2013，15（3）：107-112.

[8] 姜曼，王彤，夏广锋，等. 辽河流域水资源与水环境评价[J]. 安徽农业科学，2011，39（12）：7378-7380.

[9] 梁红，孙凤华，隋东. 1961—2009年辽河流域水文气象要素变化特征[J]. 气象与环境学报，2012，28（1）：59-64.

[10] 王国庆，金君良，王金星，等. 辽河流域径流对气候变化的响应特征研究[J]. 地球科学进展，2011，26（4）：433-440.

[11] 党连文. 辽河流域水资源综合规划概要[J]. 中国水利，2011，23：101-104.

[12] 杨恒山，刘江，梁怀宇. 西辽河平原气候及水资源变化特征[J]. 应用生态学报，2009，20（1）：84-90.

[13] 王金南，蒋洪强. 国家"十二五"环境保护规划体系与重点任务[J]. 环境保护，2012，1：51-55.

[14] 金陶陶. 流域水污染防治控制单元划分研究[D]. 哈尔滨：哈尔滨工业大学，2011.

[15] 马乐宽，王金南，王东. 国家水污染防治"十二五"战略与政策框架[J]. 中国环境科学，2013，33（2）：377-383.

[16] 国家环境保护总局. "三河三湖"水污染防治"十五"计划汇编[M]. 北京：化学工业出版社，2004.

[17] 李云生. 松辽流域"十一五"水污染防治规划研究报告[M]. 北京：中国环境科学出版社，2007.

[18] 宋永会，段亮. 辽河流域水污染治理技术评估[M]. 北京：中国环境出版社，2014.

[19] 中华人民共和国水利部. 中国水功能区划[R]. 北京：中华人民共和国水利部，2002.

[20] 中华人民共和国水利部. 水功能区划技术大纲[R]. 北京：中华人民共和国水利部，2000.

[21] 国家环境保护总局. 中国地表水环境功能区划[R]. 北京：国家环境保护总局，2002.

[22] 国家环境保护总局环境规划院. 水环境功能区划分技术导则[R]. 北京：国家环境保护总局，2002.

[23] 孟伟，张远，张楠，等. 流域水生态功能分区与质量目标管理技术研究的若干问题[J]. 环境科学学报，2011，31（7）：1345-1351.

[24] 孟伟. 辽河流域水污染治理和水环境管理技术体系构建——国家重大水专项在辽河流域的探索与实践[J]. 中国工程科学，2013，15（3）：4-10.

[25] 孟伟，张远，郑丙辉. 水生态区划方法及其在中国的应用前景[J]. 水科学进展，2007，18（2）：293-300.

[26] 唐涛，蔡庆华. 水生态功能分区研究中的基本问题[J]. 生态学报，2010，30（22）：6255-6263.

[27] 孟伟. 中国流域水环境污染综合防治战略[J]. 中国环境科学，2007，27（5）：712-716.

[28] 万峻，张远，孔维静，等. 流域水生态功能III级区划分技术[J]. 环境科学研究，2013，26（5）：480-486.

[29] 孟伟，刘征涛，张楠，等. 流域水质目标管理技术研究（II）——水环境基准、标准与总量控制[J]. 环境科学研究，2008，21（1）：1-8.

[30] 孟伟，闫振广，刘征涛. 美国水质基准技术分析及我国相关基准的构建[J]. 环境科学研究，2009，22（7）：757-761.

[31] US EPA. Nationl strategy forthe development of regional nutrient criteria[R] . Washington DC：US EPA，1998.

[32] Brix K，Deforest D，Adams W. Assessing acute and chronic copper risksto freshwater aquatic life using species sensitivity distributions for differenttaxonomic groups [J]. Environ Toxicol Chem，2001，20（8）：1846-1856.

[33] Yan Z G，Zhang Z S，Wang H，et al. Development of aquatic life criteria for nitrobenzene in China [J]. Environ Pollution，2012，162：86-90.

[34] Valavanidis A，Vlahogianni T. Molecular biomarkers of oxidative stress in aquatic organisms in relationtotoxic environmental pollutants[J] . Ecotoxicol Environ Safety，2006，64（2）：178-189.

[35] 闫振广，孟伟，刘征涛，等. 辽河流域氨氮水质基准与应急标准探讨[J]. 中国环境科学，2011，31（11）：1829-1835.

[36] 邓保乐，祝凌燕，刘慢，等. 太湖和辽河沉积物重金属质量基准及生态风险评估[J]. 环境科学研究，2011，24（1）：33-42.

[37] 闫振广，余若祯，焦聪颖，等. 水质基准方法学中若干关键技术探讨[J]. 环境科学研究，2012，25（4）：397-403.

[38] 孟伟，张楠，张远，等. 流域水质目标管理技术研究（IV）——控制单元的总量控制技术[J]. 环境科学研究，2007，20（4）：1-8.

[39] 王金南，田仁生，吴舜泽，等. "十二五"时期污染物排放总量控制路线图分析[J]. 中国人口·资源与环境，2010，20（8）：70-74.

[40] Meng W，Zhang N，Zhang Y，et al. Integrated assessment of river health based on water quality，aquatic life and physical habitat[J]. J Environ Sci，2009，21（8）：1017-1027.

[41] 毛光君. 河流污染物总量分配方法研究——以大辽河控制单元为例[D]. 北京：中国环境科学研究院，2013.

[42] 赵军，王彤，夏广锋，等. 辽河流域水环境与产业结构优化[M]. 北京：中国环境科学出版社，2011.

[43] 孟伟，秦延文，郑丙辉，等. 流域水质目标管理技术研究（Ⅲ）——水环境流域监控技术研究[J]. 环境科学研究，2008，21（1）：9-16.

[44] 王秉杰. 现代流域管理体系的研究[J]. 环境科学研究，2013，26（4）：457-464.

[45] 武江越，刘征涛，周俊丽，等. 辽河水系沉积物中 PAHs 的分布特征及风险评估[J]. 环境科学，2012，33（12）：4243-4250.

[46] 刘楠楠，陈鹏，朱淑贞，等. 辽河和太湖沉积物中 PAHs 和 OCPs 的分布特征及风险评估[J]. 中国环境科学，2011，31（2）：293-300.

[47] 秦延文，韩超南，郑丙辉，等. 辽河流域水环境沉积物质量风险评估[J]. 中国工程科学，2013，15（3）：19-25.

[48] 谢明辉，乔琦，孙启宏. 流域清洁生产及其潜力分析方法研究[J]. 中国工程科学，2013，3：70-79.

[49] 孙启宏，韩明霞，乔琦，等. 辽河流域重点行业产污强度及节水减排清洁生产潜力[J]. 环境科学研究，2010，23（7）：869-876.

[50] 辽宁省水利厅. 辽宁省水库供水调度规定[EB/OL]. 2011. http：//www. lnwater. gov. cn/20133/content_46524_111. htm.

[51] 辽宁省人民政府. 辽宁省污水处理厂运行监督管理规定[EB/OL]. 2009. http：//www. ln. gov. cn/zfxx/zfwj/szfl/200912/t20091231_472139. html.

[52] 辽宁省水利厅. 辽宁省辽河流域水污染防治条例[EB/OL]. 2011. http：//www. dwr. ln. gov. cn/20133/content_45910_110. htm.

[53] 雷坤，孟伟，乔飞，等. 控制单元水质目标管理技术及应用案例研究[J]. 中国工程科学，2013，15（3）：62-69.

[54] 李云生，王东，徐敏. 中国流域水污染防治规划方法体系与展望//中国环境科学学会环境规划专业委员会 2008 年学术年会论文集[C]. 北京：中国环境科学出版社，2008：231-239.

[55] 国家环境保护总局环境规划院. 重点流域水污染防治"十一五"规划编制技术细则[R]. 北京：国家环境保护总局环境规划院，2005：1-10.

[56] 李云生. "十二五"水环境保护基本思路[J]. 水工业市场，2010，2（1）：8-10.

[57] 徐敏，谢阳村，王东，等. 流域水污染防治"十二五"规划分区方法与实践[J]. 环境科学管理，2013，38（12）：74-77.

[58] 王金南，吴文俊，蒋洪强，等. 中国流域水污染控制分区方法与应用[J]. 水科学进展，2013，24（4）：459-469.

[59] 王俭，韩婧男，王蕾，等. 功能分区的辽河流域控制单元划分[J]. 气象与环境学报，2013，29（3）：107-111.

[60] US EPA. TMDL program implementation strategy[Z]. Washington D C：Watershed Branch，USEPA，1986.

[61] US EPA. Guidance for water-quality-based decisions：the TMDL process[Z]. Washington D C：Watershed Branch，US EPA，1991.

[62] US EPA. Federal water pollution control act [Z]. Washington D C：US EPA，2002.

[63] US water environment federation，american society of civil engineers. urban runoff quality management [M]. alexandria：Water Environment Federation，1998.

[64] US center for watershed protection. an introductionto better site design，the practice of watershed protection[M]. Ellicott City：center for watershed protection，2000.

[65] 刘章君，郑志磊，洪兴骏，等. 城市雨水径流生态处理研究现状与进展[J]. 海河水利，2011，3：39-44.